石油高职教育"工学结合"规划教材

井下作业实训指导

(第二版·富媒体)

时凤霞 杨 帆 主编
谭威林 主审

石油工业出版社

内 容 提 要

本书系统讲述了井下作业的基础知识与基本操作、施工准备、检泵作业、常规作业、工程事故处理。全书结合职业教育的特点，从石油井下作业工岗位需求出发，旨在培养学生的实际操作能力。同时，本书以二维码为纽带，加入了动画、视频，为读者提供更为丰富、便利的学习环境。

本书可作为石油高职高专院校的石油工程技术专业、油气开采技术专业、井下作业技术专业的实训指导书，也可作为井下作业现场操作人员、管理人员及相关技术人员培训与技能鉴定的参考用书。

图书在版编目(CIP)数据

井下作业实训指导：富媒体/时凤霞，杨帆主编. —2 版.
北京：石油工业出版社，2019.2
石油高职教育"工学结合"规划教材
ISBN 978 - 7 - 5183 - 3094 - 2

Ⅰ.①井… Ⅱ.①时…②杨… Ⅲ.①井下作业(油气田)
—高等职业教育—教材 Ⅳ.①TE358

中国版本图书馆 CIP 数据核字(2019)第 006232 号

出版发行：石油工业出版社
(北京市朝阳区安定门外安华里 2 区 1 号楼　100011)
网　　址：www.petropub.com
编辑部：(010)64523733　　图书营销中心：(010)64523633
经　销：全国新华书店
排　版：北京密东文创科技有限公司
印　刷：北京中石油彩色印刷有限责任公司

2019 年 2 月第 2 版　2019 年 2 月第 3 次印刷
787 毫米×1092 毫米　开本：1/16　印张：13.25
字数：317 千字
定价：32.90 元
(如发现印装质量问题，我社图书营销中心负责调换)
版权所有，翻印必究

《井下作业实训指导(第二版·富媒体)》编写人员

主　编：时凤霞　中国石油大学胜利学院
　　　　杨　帆　大庆职业学院
副主编：陈峰博　承德石油高等专科学校
　　　　燕　伟　延安职业技术学院
主　审：谭威林　中石化胜利油田分公司油气井下作业中心
成　员：(按姓氏拼音排序)
　　　　窦小康　东营职业学院
　　　　高祥森　中国石油大学胜利学院
　　　　李　峰　中国石油集团渤海钻探工程有限公司
　　　　李　雷　中国石油大学胜利学院
　　　　邵　林　华东石油技师学院
　　　　王艳丽　中国石油大学胜利学院

第二版前言

根据 2015 年 10 月召开的"高职高专石油工程类专业'十三五'规划教材研讨会"、2015 年 11 月召开的"高职高专油气储运和城市燃气专业'十三五'规划教材研讨会"的有关精神,2017 年 10 月在中国石油大学胜利学院召开了《油气管道输送(第二版)》《油气储运与销售(第二版)》《加油加气站运营与管理》《井下作业实训指导(第二版·富媒体)》《采油采气顶岗实习指导教程》5 种规划教材的编写研讨会。本书就是根据这次编写研讨会的要求,由中国石油大学胜利学院、大庆职业学院等 6 所院校共同编写而成。本书的编写原则是:

(1)高职高专教育属于高等教育,本书应突出高层次性,具有一定的先进性;

(2)根据高职高专培养目标的要求,本书突出应用性,强化操作训练内容,从而提高学生的动手能力;

(3)更新教材内容,并与职工技能鉴定及培训教材相结合,突出本书的实用性和广泛性;

(4)以新工科理念为指导,注重结果导向,紧密联系现场实际所需的技能,适应现场生产实际操作规程;

(5)采用了富媒体技术,使本书更加直观形象。

为了编好本书,我们多次到各井下作业单位调研、论证,召开研讨会,广泛听取专家、工程技术人员及一线职工的意见和建议,并聘请有丰富现场工作经验的专家担任主审,广泛收集资料,反复研究讨论,力求做到教材内容科学、完整、严谨、实用。

本书分五个情境,共二十五个项目,由时凤霞、杨帆担任主编,陈峰博、燕伟担任副主编,谭威林担任主审。其中,情境一中的项目一、项目二由华东石油技师学院邵林编写,项目三的任务 1、任务 3 由承德石油高等专科学校陈峰博编写,项目三的任务 2、项目四的任务 1 由东营职业学院窦小康编写,项目四的任务 2 和项目五由中国石油大学胜利学院李雷编写;情境二由中国石油大学胜利学院王艳丽编写;情景三、情境四中的项目一至项目三由大庆职业学院杨帆编写;情境四中的项目四由延安职业技术学院燕伟编写;情境五中项目一的任务 2 由中国石油大学胜利学院高祥森编写,情境五中项目一的任务 1、任务 3~6 和项目二的任务 1、任务 2 由中国石油大学胜利学院时凤霞编写,项目二的任务 3、任务 4 由中国石油集团渤海钻探工程有限公司李峰编写;附录部分由杨帆、王艳丽编写。

本书编写过程中,参考了大量的资料和书籍,在此谨对这些文献的作者表示衷心的感谢!

由于编者水平有限,书中如有错误和不妥之处,恳请广大读者批评指正,以便进一步修改。

编 者

2018 年 10 月

第一版前言

2006年4月，在渤海石油职业学院召开了石油高职高专规划教材审定会，本教材是根据这次审定会的要求，由渤海石油职业学院等7所院校共同编写的。本教材的编写原则是：

(1) 高职高专教育属于高等教育，教材应突出高层次性，应具有一定的先进性；

(2) 根据高职高专培养目标的要求，教材突出应用性，强化操作训练内容，从而提高学生的动手能力；

(3) 创新教材内容，与职工技能鉴定及培训教材相结合，突出了教材的广泛性和实用性；

(4) 本教材内容联系实际，适应现场生产实际操作规程。

为了编好本教材，我们曾多次到各井下作业单位调研、论证，召开座谈会，广泛听取专家、工程技术人员及一线职工的意见和建议，收集整理资料，反复研究、讨论，力求做到教材内容科学、完整、严谨、实用。

本教材分井下作业单项训练和井下作业综合操作训练两篇，共11个项目，51个课题。

本教材由渤海石油职业学院杨伟任主编，大庆职业学院王欣玉、渤海石油职业学院崔树清、辽河石油职业技术学院张志远任副主编。

本教材由渤海石油职业学院崔树清编写项目一中的课题一，刘秀云编写项目一中的课题二，刘九忠、姜树元编写项目一中的课题三、课题四，兰富华编写项目一中的课题五、课题六，谢培勇、郭兴红编写项目一中的课题七、课题八，杨朝晨、张新军编写项目一中的课题九、课题十，杨伟编写项目一中的课题十一、课题十二，谢卫娟编写项目一中的课题十三；天津工程职业技术学院苏春涛编写项目二、项目三、项目四；辽河石油职业技术学院张志远、王丽玫编写项目五、项目六、项目七；山东胜利职业学院庞素珍编写项目八、项目九、项目十；大庆职业学院王欣玉、石广香编写项目十一。

本教材不但适用于高职高专院校井下作业技术专业学生的实习实训教学，也可用于井下作业现场操作人员、生产管理人员、现场服务及相关技术人员的培训。

由于编者水平有限，书中如有错误和不妥之处，恳请广大读者批评指正，以便进一步修改。

编　者

2006年12月

目　录

情境一　基础知识与基本操作 …………………………………………………………… 1
　项目一　HSE 基础知识 ………………………………………………………………… 1
　项目二　安全生产基本知识 …………………………………………………………… 4
　　任务1　井场防火、防爆 …………………………………………………………… 4
　　任务2　井场用电 …………………………………………………………………… 9
　　任务3　高处作业 …………………………………………………………………… 12
　　任务4　硫化氢防护 ………………………………………………………………… 14
　　任务5　现场应急救援 ……………………………………………………………… 19
　项目三　常用工具认识 ………………………………………………………………… 22
　　任务1　地面常用工具认识 ………………………………………………………… 22
　　任务2　常用井下工具认识 ………………………………………………………… 30
　　任务3　常用管阀的认识 …………………………………………………………… 36
　项目四　常用设施认识 ………………………………………………………………… 40
　　任务1　油管和抽油杆 ……………………………………………………………… 40
　　任务2　作业机 ……………………………………………………………………… 43
　项目五　挽绳套、卡绳卡 ……………………………………………………………… 46

情境二　施工准备 ………………………………………………………………………… 49
　项目一　作业设计认识 ………………………………………………………………… 49
　项目二　搬迁 …………………………………………………………………………… 51
　项目三　井场布置 ……………………………………………………………………… 55
　项目四　井架安装 ……………………………………………………………………… 57
　项目五　穿大绳 ………………………………………………………………………… 65
　项目六　校正井架 ……………………………………………………………………… 69
　项目七　摆挂驴头 ……………………………………………………………………… 70
　项目八　安装井口控制装置 …………………………………………………………… 71
　项目九　连接地面管线 ………………………………………………………………… 74

情境三　检泵作业
项目一　通井 … 76
项目二　洗井 … 78
项目三　压井 … 79
项目四　冲砂 … 81
项目五　检泵 … 83
- 任务1　起下抽油杆 … 83
- 任务2　憋泄油器 … 85
- 任务3　地面检查深井泵密封性 … 86
- 任务4　安装抽油机防喷盒 … 88
- 任务5　用通井机调防冲距 … 90
- 任务6　碰泵 … 91

情境四　常规作业
项目一　完井工艺 … 94
- 任务1　射孔 … 94
- 任务2　防砂 … 97
项目二　试油工艺 … 100
- 任务1　替喷 … 100
- 任务2　气举排液 … 103
- 任务3　抽汲排液 … 104
- 任务4　常规地层测试 … 106
项目三　常规工艺 … 111
- 任务1　套管刮削 … 111
- 任务2　封窜 … 113
- 任务3　注水泥塞 … 116
- 任务4　钻水泥塞 … 118
- 任务5　下电缆桥塞 … 120
- 任务6　钻电缆桥塞 … 121
项目四　增产工艺 … 123
- 任务1　封隔器堵水 … 123
- 任务2　化学堵水 … 125
- 任务3　常规酸化 … 127
- 任务4　水力压裂 … 129

情境五　工程事故处理 ··· 133

项目一　落物打捞 ··· 133
任务1　认识打捞工具 ·· 133
任务2　判断铅模印痕 ·· 150
任务3　管类落物打捞 ·· 152
任务4　杆类落物打捞 ·· 155
任务5　小件落物打捞 ·· 156
任务6　绳缆类落物打捞 ··· 158

项目二　解卡 ·· 160
任务1　测卡点 ··· 160
任务2　砂卡 ·· 162
任务3　落物卡钻 ·· 164
任务4　水泥卡钻 ·· 165

附录　实例与试题 ·· 167
附录1　地质方案设计实例 ··· 167
附录2　采油工艺设计实例 ··· 170
附录3　施工设计实例 ·· 172
附录4　组配生产管柱试题(整筒泵) ··· 185
附录5　组配生产管柱试题(管式泵) ··· 191

参考文献 ·· 198

富媒体资源目录

序号	名　　称	页码
1	视频1-1　各类灭火器的使用	6
2	视频1-2　胸外按压心脏	11
3	视频1-3　正压式呼吸器	17
4	视频1-4　止血包扎方法	20
5	视频1-5　管钳	23
6	视频1-6　吊装液压油管钳	23
7	视频1-7　吊卡	25
8	视频1-8　黄油枪	27
9	视频1-9　液压千斤顶	28
10	视频1-10　游标卡尺	28
11	视频1-11　高压活动弯头	37
12	视频1-12　闸阀	38
13	视频3-1　通井	76
14	视频3-2　洗井	78
15	视频3-3　压井液密度测定	80
16	视频3-4　冲砂	81
17	视频3-5　安装抽油机防喷盒	88
18	视频3-6　调防冲距	90
19	视频4-1　射孔	94
20	视频4-2　一次替喷	101
21	视频4-3　二次替喷	101
22	视频4-4　套管刮削	111
23	视频5-1　GZ-NC31修井公锥	134

续表

序号	名　称	页码
24	视频 5-2　MZ-NC31 母锥	135
25	视频 5-3　LM-D(S)73 滑块捞矛	135
26	视频 5-4　LM-T105×73 可退式打捞矛	137
27	视频 5-5　DLM-T105×73 可退式倒扣捞矛	138
28	视频 5-6　WLM-92×73 接箍捞矛	139
29	视频 5-7　LT-T114×73 篮式卡瓦捞筒	140
30	视频 5-8　KLT114 开窗打捞筒	141
31	视频 5-9　CLT-55×22 不可退式抽油杆打捞筒	141
32	视频 5-10　HYLT22 活页捞筒	142
33	视频 5-11　SQ114-02 三球打捞器	143
34	视频 5-12　CL100ZG 磁力打捞器	145
35	视频 5-13　FLL03 反循环打捞篮	145

本书富媒体资源由主编提供,若教学需要,可向编辑索取,邮箱为:1305615531@qq.com。

情境一 基础知识与基本操作

安全是油田生产的重要组成部分,了解一些基本的 HSE 管理内容,熟悉用火、用电、高处作业的安全常识,掌握必要的硫化氢防护措施和现场应急救援方法非常必要。学生通过本情境的理论学习和实际动手操作,可以掌握基本的安全知识,在生活和工作中做到有效预防和应对。

项目一 HSE 基础知识

 实习目的及要求

(1)掌握 HSE 的含义。
(2)理解风险管理的目的,掌握风险管理的基本程序。

一、HSE 管理体系的含义

HSE 管理体系中的"H"是健康的英文单词(Health)缩写,是指人身上没有疾病,心理、精神上保持一种完好状态,是三维立体健康观;"S"是安全的英文单词(Safety)缩写,是指在劳动生产过程中,努力改善劳动条件,克服不安全因素,使劳动生产在保证劳动者健康、企业财产不受损失、人民生命安全的前提下顺利进行;"E"是环境的英文单词(Environment)缩写,是包括各种自然因素的组合,以及人类与自然因素之间相互形成的生态关系的组合。HSE 管理体系的目的就是寻找人类与自然因素间生态关系的最佳组合。

HSE 管理是一种通过事前识别与评价,确定在活动中可能存在的危害及后果的严重性,从而采取有效的防范手段、控制措施和应急预案来防止事故的发生或把风险降到最低程度,以减少人员伤害、财产损失和环境污染的有效管理方法。

二、风险管理

风险管理是在对风险的不确定性和可能性因素进行考察、预测、收集分析的基础上,以最经济合理的方法制定出包括识别风险、衡量风险、积极管理风险、有效处置风险及妥善处理风险所造成的损失等一整套科学系统的管理方法。

风险管理的基本程序包括风险识别、风险评价、风险控制和风险管理效果评价等环节。

1. 风险识别

风险识别是风险管理的第一步,它是指对企业(或生产活动中)面临的以及潜在的风险加以判断、归类和鉴定风险性质的过程。存在于企业自身周围的风险多种多样、错综复杂,无论是潜在的还是实际存在的,是静态的还是动态的,是企业内部的还是与企业相关联的外部的,所有这些风险在一定时期和某一特定条件下是否客观存在、存在的条件是什么,以及损害发生的可能性等,都是在风险识别阶段应予以回答的问题。

所有危险、有害因素尽管表现形式不同,但是从本质上讲,之所以能造成危险、危害后果均可归结为存在有害物质和能量、有害物质失去控制两个方面因素的综合作用,并导致能量的意外释放或有害物质的泄漏、散发的结果(图1-1)。存在能量、有害物质的控制失效是危险、有害因素产生的根本原因,防止事故就是消除、控制系统中的危险源。

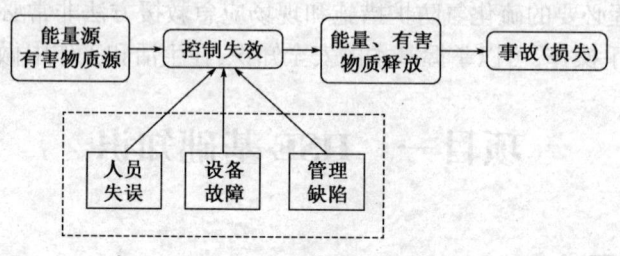

图1-1 危险源系统

2. 风险评价

风险评价是指在风险识别的基础上,通过对所收集的大量的详细损失资料加以分析,运用概率论和数理统计的相关知识,估计和预测风险发生的概率和损失程度,把风险发生的概率、损失严重程度,与其他因素结合起来考虑,得出系统发生风险的可能性及其危害程度,确定系统的危险等级,并与社会公认的可接受安全水平相比较,决定是否采取控制措施,以及采取何种程度的控制措施。风险评价通过定性、定量分析风险的性质以及比较处理风险所支出的费用,来确定风险是否需要处理和处理的程度。风险评价方法按其特征分为定性评价和定量评价。

定性评价是根据经验对生产工艺、设备、环境、人员配置和管理等方面的安全状况进行定性的判断。一般将危险事件定性分成四个严重性等级(表1-1)。危险事件发生的可能性可根据危险事件出现的频繁程度,定性分为五级(表1-2)。

表1-1 危险事件的严重性等级

严重等级	等级说明	事故后果说明
Ⅰ	灾难的	人员死亡或系统报废
Ⅱ	严重的	人员严重受伤、严重职业病或系统的严重损坏
Ⅲ	轻度的	人员轻度受伤、轻度职业病或系统轻度损坏
Ⅳ	轻微的	人员伤害程度和系统损坏程度都轻于Ⅲ级

表1-2 危险事件的可能性等级

可能性等级	说明	单个项目具体发生情况	总体发生情况
A	频繁	频繁发生	连续发生
B	很可能	在寿命期内会出现若干次	频繁发生
C	有时	在寿命期内有时会发生	发生若干次

续表

可能性等级	说明	单个项目具体发生情况	总体发生情况
D	极少	在寿命期内不易发生,但很可能发生	不易发生,但有理由可预期发生
E	不可能	极不易发生,以至于可以认为不会发生	不易发生

定量评价是在危险性量化的基础上进行评价,主要依靠历史数据,运用数学方法构造数学模型进行评价。定量评价又分为概率评价、数学模型计算评价和相对评价(指数评价)。

3. 风险控制

风险控制是根据风险评价结果,为实现风险管理目标,选择最佳风险管理方式并实施风险管理。风险管理的目的是降低损失频率和减小损失幅度,重点在于改变引起意外事故和过大损失的各种条件,后者的目的是以提供基金的方式,消化发生损失的成本,以及对无法控制的风险所做的财务安排。具体有以下四个措施:

(1)风险的消除措施:这是最有效的方法,可以将风险完全去除。如手机和烟易引发火灾,可禁止将手机和烟带入井场,防止事故发生。

(2)风险的隔离措施:将可能发生的风险与人员出现的区域进行隔离。如压裂施工规定高压区内不得站人,将人和高压区隔离开。

(3)风险的替代措施:用可实现目标的另一种较安全的措施替代风险较高的措施。如汽油易燃,使用、储存汽油易引起火灾,使用不易燃的柴油替代汽油,所以井下作业施工常使用柴油车辆。

(4)风险的削减措施:包括防止事故发生(即减少发生事故的概率)和一旦发生事故后的短期、长期影响的削减(即减轻后果)两个方面,也包括防止正在发生的不正常情况升级为事故,减缓事故对健康、安全与环境的不利影响,以及对重大事故的紧急反应等。

4. 风险管理效果评价

风险管理效果评价是指对风险管理技术适用性及其收益性情况的分析、检查、修正和评估。风险管理效益的大小取决于是否能以最小风险成本取得最大安全保障。

考核标准

检查项目	操作标准	分数	扣分
HSE含义	掌握"H""S""E"的意思,并能准确回答出 HSE 管理的具体含义	60	
风险管理	掌握风险管理的含义,并能描述出管理的基本程序	40	
合计		100	

项目二　安全生产基本知识

任务1　井场防火、防爆

 实习目的及要求

(1)掌握燃烧的基本条件。
(2)熟悉防火、防爆的基本要求。
(3)熟练掌握各种灭火器的使用方法。

一、防火基础知识

1.燃烧的基本条件

燃烧必须具备三个条件,即可燃物、助燃物和着火源。可燃物是指能与空气、氧气和其他氧化剂发生剧烈氧化反应的物质。它的种类繁多,按其状态不同可分为气态、液态和固态三类;按其组成不同可分为无机可燃物和有机可燃物两类,无机可燃物有氢气、一氧化碳等,有机可燃物有甲烷、乙烷、丙酮等。助燃物是指具有较强氧化性能,能与可燃物发生化学反应并引起燃烧的物质,如空气、氧气、氯气等。着火源是指具有一定温度和热量的能源,或者说能引起可燃物着火的能源,常见着火源有明火、电火花和高温物体等。

2.防火技术基本理论

燃烧必须是可燃物、助燃物和着火源三个基本条件相互作用才能发生。因此采取措施,防止燃烧三个基本条件的同时存在或者避免它们的相互作用,是防火技术的基本理论。

一般情况下,防止火灾发生的措施主要有:
(1)消除着火源。
(2)控制可燃物。
(3)隔离空气。
(4)防止形成新的燃烧条件,阻止火灾范围的扩大。

综上所述,一切防火措施都包括两个方面,一是防止燃烧基本条件的产生,二是避免燃烧基本条件的相互作用。

3.灭火基本措施

一旦发生火灾,只要消除燃烧条件的任何一条,火就会熄灭。常用的灭火方法有隔离、冷却和窒熄等。

隔离就是将可燃物与着火源隔离开来,燃烧即可停止。

冷却就是将燃烧物的温度降至着火点(燃点)以下使燃烧停止,或者将邻近着火场的可燃物温度降低,避免扩大形成新的燃烧条件。如常用水或干冰(二氧化碳)进行降温灭火。

窒息就是消除助燃物(空气、氧气或其他氧化剂)使燃烧停止,主要是采取措施阻止助燃物进入燃烧区或者用惰性介质和阻燃性物质冲淡稀释助燃物,使燃烧得不到足够的氧化剂而熄灭。

4. 常用灭火剂

(1)水。它的主要优点是灭火性强,价格低廉,取用方便。其缺点是具有导电能力,不宜扑灭带电设备的火灾;不能扑救遇水燃烧物质和非水溶性燃烧液体的火灾;此外,水与高温盐液接触会发生爆炸,比水轻的易燃液体能浮在水面燃烧并蔓延等。

(2)泡沫。泡沫利用水的冷却作用和泡沫层隔绝空气的窒息作用来进行灭火。这类灭火剂对可燃性液体引起的火灾最适用,是油田、炼油厂、石油化工、发电厂、油库以及其他单位油罐区的重要灭火剂,也可用于普通火灾。

(3)二氧化碳。二氧化碳通过降低空气中的氧浓度,使其达到燃烧的最低需氧量以下使火熄灭。由于二氧化碳不导电,所以可用于扑灭电气设备着火;对于不能用水灭火的遇水燃烧物质,使用二氧化碳扑救也最为适宜。其缺点是冷却作用不好,火焰熄灭后温度可能仍在燃点以上,有发生复燃的可能,故不适用于空旷地域的灭火;不能扑救碱金属和碱土金属的火灾,因二氧化碳与这些金属在高温下会发生分解反应,游离出碳粒子,有发生爆炸的危险;另外二氧化碳能够使人窒息。

(4)干粉。干粉是细微的固体微粒,其作用主要是抑制燃烧。常用的干粉有碳酸氢钠、碳酸氢钾、磷酸二氢铵尿素干粉等。从干粉灭火器喷出的灭火粉末,覆盖在固体的燃烧物上,能构成阻碍燃烧的隔离层,使火焰熄灭。干粉灭火剂具有不导电、不腐蚀、扑救火灾速度快等优点,可扑救可燃气体、电气设备、油类、遇水燃烧物质等物品的火灾。其缺点是灭火后留有残渣,因此不宜用于扑灭精密机械设备、精密仪器、旋转电动机等火灾;此外,由于干粉灭火剂冷却性较差,不能扑灭引燃火灾,不能迅速降低燃烧物品表面温度,容易发生复燃。

5. 灭火器的使用与维护

目前,我国生产的灭火器材(视频1-1)主要有泡沫灭火器、二氧化碳灭火器、卤代烷灭火器、四氯化碳灭火器、干粉灭火器、清水灭火器等。按灭火器适宜扑灭的可燃物质将灭火器分为四类:用于扑灭A类物质(如木材、纸张、橡胶和塑料等)的火灾,称为A类灭火器,如清水灭火器;用于扑灭B类物质(各种石油产品和油脂等)和C类物质(可燃气体)的火灾,称为B类、C类灭火器,如泡沫灭火器、干粉灭火器、二氧化碳灭火器等;用于扑灭D类物质(钾、钠、钙、镁等轻金属)的火灾,称为D类灭火器,如轻金属灭火器;此外,还有通用灭火器,如磷镀干粉灭火器等。

选择灭火器应考虑的因素有:灭火器配置场所的火灾种类,灭火器的灭火有效程度,对保护物品污损程度,设置点的环境温度,使用灭火器人员的素质。选择灭火器时应注意:根据不同灭火机理选择不同类型的灭火器;在同一灭火器配置场所应尽量选用操作方法相同的灭火器;在同一灭火器配置场所,应选用灭火剂相容的灭火器。下面主要介绍油田生产现场常用的三种灭火器。

1) 泡沫灭火器

泡沫灭火器有手提式和推车式两类。手提式泡沫灭火器由筒身、筒盖、瓶胆、瓶胆盖、喷嘴和螺母等组成,如图1-2所示。

视频1-1　五类灭火器的使用

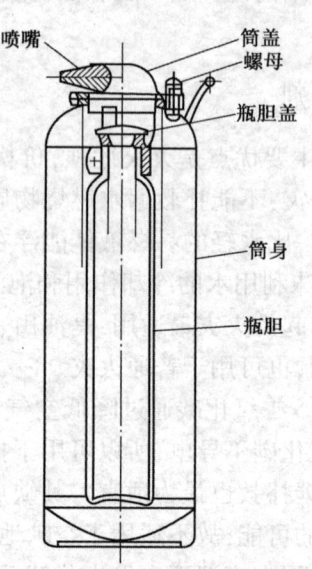

图1-2　手提式泡沫灭火器

(1)灭火原理:碳酸氢钠和硫酸铝混合,产生一种含有二氧化碳气体的泡沫,覆盖在易燃的油液表面上,一方面降低油液表面温度,另一方面把油液与空气隔绝,使燃烧停止。

(2)使用方法:灭火时,应将灭火器竖直向上平衡地提到火场,人应站在上风方向或两侧,将灭火器倒置,使碳酸氢钠和硫酸铝混合,产生泡沫,喷嘴对准火根从边缘向里扫射,进行灭火。

(3)适用范围:手提式泡沫灭火器一般只能喷射10m,适用于着火面积在$1m^2$左右的油品火灾或普通物质刚起火时的小火灾,绝对不允许用泡沫灭火器去扑灭未切断电源的电器设备火灾。

(4)注意事项:若喷嘴被杂物堵塞,应将筒身平放在地面上,用铁丝疏通喷嘴,不能采用打击筒体等措施;在使用时,筒盖和筒底不能直对人身,防止发生意外爆炸,筒盖、筒底飞出伤人;应放置在明显易于取用的地方,还应防止高温和冻结;使用3年的手提式泡沫灭火器,其筒身应做水压试验;平时应经常检查泡沫灭火器的喷嘴是否畅通,螺帽是否拧紧;每年应检查1次药剂是否符合要求。

2) 二氧化碳灭火器

二氧化碳灭火器有手提式和鸭嘴式两类,如图1-3所示。作业井队常用的是鸭嘴式二氧化碳灭火器,其基本结构由钢瓶、开关、喷筒和虹吸管四部分组成。

(1)灭火原理:二氧化碳灭火器钢瓶内装有带高压的液态二氧化碳。使用时,打开开关,液态二氧化碳即从钢瓶内喷出,迅速蒸发汽化,体积扩大500倍左右,温度急剧降低到-78.5℃,吸收大量热量,使燃烧物质和燃烧区的温度大大降低。同时,由于二氧化碳密度大,所以具有稀释和排除空气的作用,能够降低空气中的含氧量和可燃气体的含量。当二氧化碳浓度达到

30%～50%时,燃烧即停止。

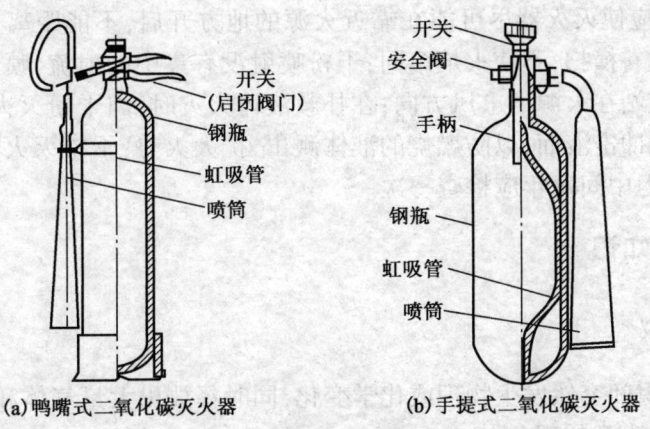

(a)鸭嘴式二氧化碳灭火器　　(b)手提式二氧化碳灭火器

图1-3　二氧化碳灭火器

(2)使用方法:鸭嘴式二氧化碳灭火器使用时只要拔出保险销,将鸭嘴压下,二氧化碳即能喷出灭火。手提式二氧化碳灭火器(MT型)需先揪断铅封,再将手轮逆时针旋转,二氧化碳即可喷出灭火。

(3)适用范围:二氧化碳灭火器对扑灭油脂、电器、一切珍贵机件或物品及室内火灾最为有效。

(4)注意事项:二氧化碳灭火器对着火物质和设备的冷却作用较差,火焰熄灭后,温度可能仍在燃烧点以上,有发生复燃的可能,故不适宜于空旷地域的灭火;二氧化碳能使人窒息,因此在喷射时人要站在上风处,尽量靠近火源;二氧化碳灭火器应定期检查,当二氧化碳重量减少1/10时,应及时补充装灌;二氧化碳灭火器应放在易于取用的地方,防止气温超过42℃,防止日晒。

3)干粉灭火器

干粉灭火器按移动方式分为手提式、推车式和背负式三类。手提式干粉灭火器结构如图1-4所示。

(1)灭火原理:当用力下压压把时,钢瓶中的二氧化碳便迅速进入干粉筒。几秒钟后,干粉筒内的压力就上升到1.0MPa以上,瓶中干粉在压力驱动下从喷嘴成粉雾状喷出,覆盖在燃烧物表面,使其与空气隔开;同时喷出的二氧化碳和干粉受热分解出的二氧化碳都笼罩在燃烧物周围,使其因缺乏助燃物而熄灭。

(2)使用方法:使用时,首先上下颠倒摇晃使干粉松动,然后拔掉铅封,拉出保险销,保持安全距离(距离火源2～3m),左手扶喷管,喷嘴对准火焰根部,右手用力压下压把,即可灭火。

(3)适用范围:手提式干粉灭火器适用于扑救油类、石油产品、油漆、有机溶剂、可燃性气体及电压在10kV以下的

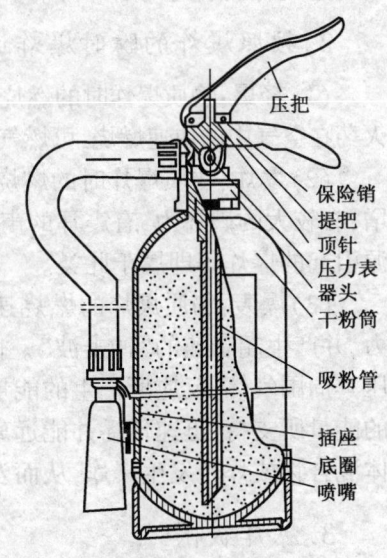

图1-4　手提式干粉灭火器

电器设备初起的表面火灾。

（4）注意事项：应使灭火器尽可能在靠近火源的地方开启，不能距离火源很远；喷粉要由近而远向前平推，左右横扫，不使火焰窜回；干粉喷射没有集中的射流，喷出后容易散开，所以喷射时，操作人员应站在火源的上风方向；在扑救液体火灾时，因干粉灭火器具有较大的冲击力，不可将干粉直接冲击液面，以防燃烧的液体溅出，扩大火势；干粉灭火器在正常情况下，有效期可达3~5年，但中间每年应检查一次。

二、防爆基础知识

1. 爆炸的定义

爆炸是物质在瞬间突然发生物理或化学变化，同时释放出大量气体和能量（光能、热能和机械能）并伴有巨大声音的现象。

2. 爆炸的分类

1）按照爆炸反应的相分类

（1）气相爆炸：包括可燃性气体和助燃性气体混合物的爆炸、气体的分解爆炸、液体被喷成雾状物引起的爆炸、飞扬悬浮于空气中的可燃粉尘引起的爆炸等。

（2）液相爆炸：包括聚合爆炸、蒸发爆炸以及由不同液体混合所引起的爆炸。例如，硝酸和油脂、液氧和煤粉等混合时引起的爆炸；熔融的矿渣与水接触或钢水包与水接触时，由于过热发生快速蒸发引起的蒸汽爆炸等。

（3）固相爆炸：包括爆炸性化合物及其他爆炸性物质的爆炸、导线因电流过载由于过热金属迅速气化而引起的爆炸等。

2）按照爆炸的瞬时爆炸速度分类

（1）轻爆：物质爆炸时的燃烧速度为每秒数米，爆炸时无多大破坏力，声响也不太大。无烟火药在空气中的快速燃烧，可燃气体混合物在接近爆炸浓度上限或下限时的爆炸即属于此类。

（2）爆炸：物质爆炸时的燃烧速度为每秒十几米至数百米，爆炸时能在爆炸点引起压力激增，有较大的破坏力，有震耳的声响。可燃性气体混合物在多数情况下的爆炸，以及火药遇火源引起的爆炸等即属于此类。

（3）爆轰：物质爆炸的燃烧速度为1000~7000m/s。爆轰时能在爆炸点突然引起极高压力，并产生超音速的"冲击波"。由于在极短时间内发生的燃烧产物急速膨胀，像活塞一样挤压其周围气体，反应所产生的能量有一部分传给被压缩的气体层，于是形成的冲击波由它本身的能量所支持，迅速传播并能远离爆轰的发源地而独立存在，同时可引起该处的其他爆炸性气体混合物或炸药发生爆炸，从而发生一种"殉爆"现象。

3. 爆炸极限

可燃物（可燃气体、蒸气、粉尘或纤维）与空气（氧气或氧化剂）均匀混合形成爆炸性混合物，其浓度达到一定范围时，遇到明火或一定的引爆能量立即发生爆炸，这个浓度范围称为爆炸极限。形成爆炸性混合物的最低浓度称为爆炸浓度下限,最高浓度称为爆炸浓度上限,爆炸浓度的上限、下限之间称为爆炸极限范围。

可燃性混合物的爆炸极限范围越宽,其爆炸危险性越大,这是因为爆炸极限范围越宽出现爆炸条件的机会越多。爆炸下限越低,少量可燃物(如可燃气体稍有泄漏)就会形成爆炸条件;爆炸上限越高,有少量空气渗入容器,就能与容器内的可燃物混合形成爆炸条件。

4. 防爆技术基本理论

可燃物的化学性爆炸必须同时具备下列三个条件,且三个条件共同作用:

(1)存在可燃物,包括可燃气体、蒸气或薄雾、可燃性粉尘和爆炸性粉尘、可燃性纤维。

(2)可燃物与空气(或氧气)混合,形成爆炸性混合物并且达到爆炸极限。

(3)必须有足够引燃爆炸性混合物的引爆能量。引爆能量有明火火源,机械能,高温热体热能,化学能,电能,光能,宇宙射线、放射线的高速粒子束和电磁波能量,原子弹、炮弹、炸药等爆炸的冲击波能量等。

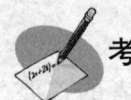

考核标准

检查项目	操作标准	分数	扣分
准备工作	劳保用品穿戴整齐,工具用具准备齐全	20	
检查灭火器	检查灭火器指针是否在绿色区间、灭火器皮管有无破损	20	
干粉灭火器的使用	能正确熟练地操作手提式干粉灭火器	20	
二氧化碳灭火器的使用	能正确熟练地操作二氧化碳灭火器	20	
泡沫灭火器的使用	能正确熟练地操作泡沫灭火器	20	
合计		100	

任务 2　井　场　用　电

实习目的及要求

(1)掌握井场用电的要求。
(2)掌握触电者急救的方法。

一、基础知识

1. 安全电压

安全电压就是不致使人直接致死或致残的电压。在有触电危险的场所使用手持式电动工具可采用42V安全电压;无特殊防护的局部照明灯应采用36V或24V安全电压;在金属容器内、隧道内、矿井中等特殊危险环境使用照明灯,应根据危险程度采用24V或12V安全电压。当电气设备采用24V以上的安全电压时,必须采取防止直接接触带电体的保护措施。

2. 触电事故原因

（1）缺乏电气安全知识。例如，带电拉高压隔离开关，用手触摸被破坏的胶盖刀闸，儿童玩弄带电导线等。

（2）违反操作规程。例如，在高、低压共杆架设的线路电杆上检修低压线或广播线；剪修高压线附近树木而接触高压线；在高压线附近施工或运输大型货物，施工工具和货物碰击高压线；带电接临时照明线及临时电源；火线误接在电动工具外壳上；用湿手拧灯泡；携带式照明灯使用的电压不符合安全电压等。

（3）电气设备不合格。例如，闸刀开关或磁力启动器缺少护壳，电气设备漏电，电炉的热元件不隐蔽，电器设备外壳没有接地而带电，电线或电缆因绝缘磨损或腐蚀而损坏，带电拆装电缆等。

（4）维修不善。例如，大风刮断的低压线路未能及时修理，胶盖开关破损长期不修，瓷瓶破裂后火线与拉线长期相碰等。

（5）偶然因素。例如，大风刮断的电线恰巧落在人体上等。

二、作业现场触电的急救

触电急救的要点为动作迅速、方法正确，使触电者尽快脱离电源是救治触电者的首要条件。

触电时使触电者脱离电源的方法是：(1)立即通知有关部门停电；(2)戴上绝缘手套、穿上绝缘靴，用相应电压等级的绝缘工具拉开开关；(3)抛掷裸金属线使线路短路接地，迫使保护装置动作，断开电源(抛掷金属线前，应注意先将金属线一端可靠接地，然后抛掷另一端，被抛掷的一端切不可触及触电者和其他人)。

1. 救护注意事项

（1）救护人员不可直接用手、其他金属或潮湿的物件作为救护工具，必须使用干燥绝缘的工具。救护人最好只用一只手操作，以防自己触电。

（2）要防止触电者脱离电源后可能摔伤，特别是当触电者在高处的情况下，应考虑防摔措施。即使触电者在平地，也要注意触电者倒下的方向，以防摔倒。

（3）要避免扩大事故。如触电事故发生在夜间，应迅速解决临时照明问题，以利于抢救。

2. 触电急救方法

如果触电者神志尚清醒，则应使之就地躺平，严密观察，暂时不要站立或行走；如果触电者已神志不清，则应使之就地仰面躺平；确保气道通畅，并用5s时间，呼叫伤员或轻拍其肩部，以判定伤员是否意识丧失，禁止摇动伤员头部呼叫伤员；如果触电者失去知觉，停止呼吸，但心脏微有跳动(可用两指去试一侧喉结旁凹陷处的颈动脉有无搏动)，应在通畅气道后，立即施行口对口(鼻)吹气的人工呼吸；如果触电者伤害相当严重，心跳和呼吸都已停止，完全失去知觉时，则在通畅气道后，立即同时进行口对口(鼻)吹气的人工呼吸和胸外按压心脏的人工循环，先胸外按压心脏4~8次，然后口对口(鼻)吹气2~3次，再按压心脏4~8次，又口对口(鼻)吹气2~3次，如此反复进行。

在急救过程中,人工呼吸和胸外按压心脏人工循环的措施必须坚持进行。在医务人员未来接替救治前,不应放弃现场抢救,更不能只根据没有呼吸或脉搏擅自判定伤员死亡,放弃抢救。

触电急救的心肺复苏技巧如视频1-2所示。

1)人工呼吸

人工呼吸有仰卧压胸法、俯卧压背法和口对口(鼻)吹气法等,这里只介绍现在公认简便易行且效果较好的口对口(鼻)吹气法。

(1)迅速解开触电者的衣服、裤带,松开上身的紧身衣、胸罩和围巾等,使其胸部能自由扩张,不致妨碍呼吸。

视频1-2 心肺复苏技巧

(2)使触电者仰卧,不垫枕头,头先侧向一边,清除其口腔内的血块、假牙及其他异物。若舌根下陷,应将舌头拉出,使气道畅通。若触电者牙关紧闭,救护人应以双手托住其下颚骨的后角处,大拇指放在下颚角边缘,用手将下颚骨慢慢向前推移,使下牙移到上牙之前;也可用开口钳、小木片、金属片等,小心地从口角伸入牙缝撬开牙齿,清除口腔内异物。然后将其头部扳正,使之尽量后仰,鼻孔朝天,使气道畅通。

(3)救护人位于触电者头部的左侧或右侧,用一只手捏紧鼻孔,不使漏气;用另一只手将下颚拉向前下方,使嘴巴张开。嘴上可盖一层纱布,准备接受吹气。

(4)救护人深呼吸后,紧贴触电者嘴巴,向他大口吹气,如图1-5(a)所示。如果掰不开嘴,亦可捏紧嘴巴,紧贴鼻孔吹气。吹气时,要使胸部膨胀。

(5)救护人吹气完毕后换气时,应立即离开触电者的嘴巴(或鼻孔),并放松紧捏的鼻(或嘴),让其自由排气,如图1-5(b)所示。

(6)按照上述要求对触电者反复地吹气、换气,每分钟16~18次。对幼小儿童施行此法时,鼻子不捏紧,可任其自由漏气,而且吹气不能过猛,以免肺泡胀破。

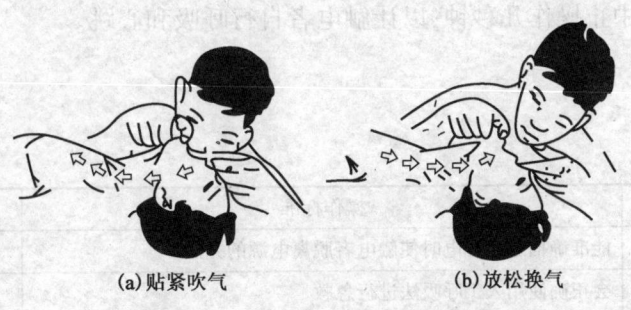

(a)贴紧吹气　　(b)放松换气

图1-5 口对口吹气的人工呼吸法

2)胸外按压心脏

按压心脏的人工循环法有胸外按压心脏和开胸直接挤压心脏两种,后者是在胸外按压心脏效果不佳的情况下,由胸外科医生进行。这里只介绍胸外按压心脏的人工循环法。

(1)与上述人工呼吸法的要求一样,首先要解开触电者衣服、裤带及胸罩、围巾等,并清除口腔内异物,使气道畅通。

(2)使触电者仰卧,姿势与上述口对口吹气法相同,但后背着地处的地面必须平整牢固,如硬地或木板之类。

（3）救护人位于触电者一侧，最好是跨腰跪在触电者的腰部，两手相叠手掌根部放在心窝稍高一点的地方（掌根放在胸骨的下三分之一部位），如图1-6所示。

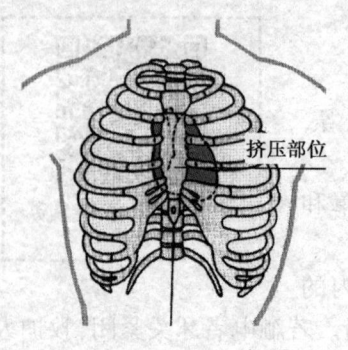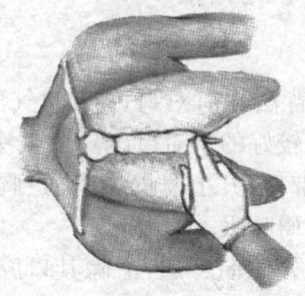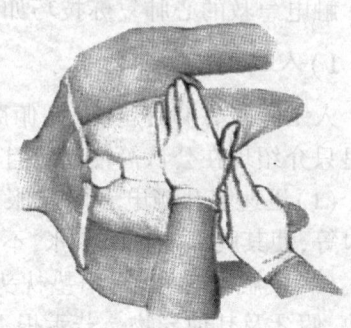

图1-6 胸外按压心脏的正确压点

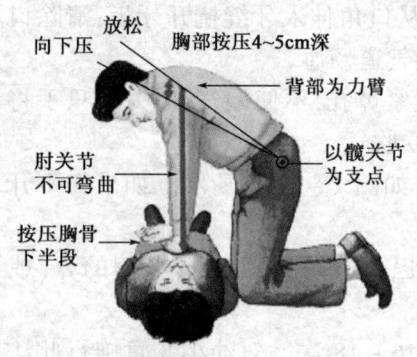

图1-7 胸外按压心脏的方法

（4）救护人找到触电者的正确压点后，自上而下、垂直均衡地用力向下按压，压出心脏里面的血液，如图1-7所示。对儿童，用力应适当小一些。

（5）按压后，掌根迅速放松（但手掌不要离开胸部），使触电者胸部自动复原，心脏扩张，血液又回到心脏里来。

按照上述要求反复地对触电者的心脏进行按压和放松，每分钟100~120次。按压时定位要准确，用力要适当。在施行人工呼吸和心脏按压时，救护人应密切观察触电者的反应。只要发现触电者有苏醒征象，如眼皮闪动或嘴唇微动，就应中止操作几秒钟，以让触电者自行呼吸和心跳。

 考核标准

检查项目	操作标准	分数	扣分
使触电者脱离电源方法	能准确描述出触电时使触电者脱离电源的方法	20	
急救方法	会正确使用人工呼吸法进行急救	40	
	能正确使用胸外按压心脏进行急救	40	
合计		100	

任务3 高处作业

实习目的及要求

（1）掌握高处作业预防坠落的三步法。

(2) 熟悉消除坠落隐患、防止坠落事故的措施。
(3) 熟悉消除或降低坠落发生后伤害的措施。

一、高处作业的概念及分类

高处作业是指在距离坠落高度基准面2m以上(含2m)有坠落可能的位置进行的作业,包括上下攀援等空中移动过程。高处作业分为四个等级:Ⅰ级(2~5m)、Ⅱ级(5~15m)、Ⅲ级(15~30m)、Ⅳ级(>30m)。

二、高处作业预防坠落的三步法

第一步是消除坠落隐患。在设计和工作计划制订过程中,首先必须评估工作场所和作业过程,针对每一个可能导致坠落的环节制订消除隐患的措施,包括对作业人员的身体条件要求。

第二步是坠落预防。如果在第一步中不能完全消除坠落隐患,需通过改进作业场所的条件来防止坠落,即在作业开始之前,安装楼梯、平台、护栏等行进限制保护系统,建立能够保证安全的工作环境。

第三步是使用合适的坠落制止装置。只有在确认不能消除坠落风险时,才使用坠落制止装置,如救生索、全身式安全带和安全网等装备,以降低坠落发生后人员受伤害的程度。通过评估工作场所和作业过程,选择安装并正确使用最合适的装备。

三、高处作业安全措施

(1) 从事高处作业时必须设专人监护;同一垂直方向交叉作业时,应采取"错时错位硬隔离"的管理和技术措施;应推进标准化作业,尽可能降低和减少高处作业的频次和时间。

(2) 凡患有未控制的高血压、恐高症、癫痫、晕厥及眩晕症、器质性心脏病或各种心律失常、四肢骨关节及运动功能障碍疾病,以及其他不适于高处作业疾患的人员,不得从事高处作业;高处作业人员进行作业前需提供有效的体检报告,体检报告附在高处作业许可证后面。

(3) 各基层单位与施工单位现场安全负责人应对作业人员进行必要的安全教育,其内容包括所从事作业的安全知识、作业中可能遇到意外时的处理和救护方法等。

(4) 应制订应急预案,其内容包括作业人员紧急状况下的逃生路线和救护方法、现场应配备的救生设施和灭火器材等;现场人员应熟知应急预案的内容。15m及以上高处作业应配备通信联络工具。

(5) 高处作业人员应正确佩戴符合国家标准的安全带,安全带应系挂在施工作业处上方的牢固构件上,不得系挂在有尖锐棱角或有可能转动的部位;安全带系挂点下方应有足够的净空,安全带应高挂低用。在不具备安全带系挂条件时,应增设生命绳、安全网等安全设施,确保高处作业的安全。高处作业人员不得站在不牢固的结构物上进行作业,不得在高处做与工作无关的事项。在彩钢瓦屋顶、石棉板、瓦棱板等轻型材料上方作业时,必须铺设牢固的脚手板,并加以固定,脚手板上要有防滑措施。高处铺设格栅板、花纹板时,要按照安全作业方案和作业程序,按组边铺设边固定;铺设完后,要及时组织检查和验收。

(6) 劳动保护用品应符合高处作业的要求。对于需要戴安全帽进行的高处作业,作业人员应系好安全帽带;原则上禁止穿硬底或带钉易滑的鞋进行高处作业。

(7)应根据实际需要配备符合 GB 26557—2011 等标准安全要求的梯子、挡脚板、跳板等;脚手架的搭设必须符合国家有关规程和标准,并经过验收、挂合格标识牌后方可使用。高处作业平台四周应设置防护栏、挡脚板;临边及洞口四周应设置防护栏杆、警示标志或采取覆盖措施。高处带压堵漏等特殊情况应设置逃生通道。

(8)高处作业严禁上下投掷工具、材料和杂物等;所用材料应堆放平稳,并设安全警戒区,安排专人监护。工具在使用时应系有安全绳,不用时应将工具放入工具套(袋)内。高处作业人员上下时手中不得持物。在同一坠落方向上,不得进行上下交叉作业;如需进行交叉作业,中间应设置安全防护层;坠落高度超过24m的交叉作业,应设双层安全防护。

(9)在气温高于35℃(含35℃)或低于5℃(含5℃)条件下进行高处作业时,应采取防暑、防寒措施;当气温高于40℃时,必须停止高处作业。雨、雪天作业时应采取防滑、防寒措施;遇有不适宜高处作业的恶劣气象条件(如五级以上强风、雷电、暴雨、大雾等)时,严禁露天高处作业;暴风雪、台风、暴雨后,应对作业安全设施进行检查,发现问题立即处理。作业场所光线不足时,应对作业环境设置照明设备,确保作业需要的能见度。

(10)在邻近地区设有排放有毒、有害气体及粉尘超出允许浓度的烟囱及设备的场合,严禁进行高处作业;如在允许浓度范围内,也应采取有效的防护措施,预先与作业所在地有关人员取得联系,确定联络方式,并为作业人员配备必要的且符合相关国家标准的防护器具(如空气呼吸器、过滤式防毒面具或口罩等)。

考核标准

检查项目	操作标准	分数	扣分
准备工作	劳保用品穿戴整齐,工具准备齐全	20	
高处作业	能准确描述高处作业预防坠落的三步法	50	
安全措施	熟悉高处作业的安全措施	30	
合计		100	

任务4　硫化氢防护

实习目的及要求

(1)了解硫化氢的基本性质。
(2)掌握硫化氢中毒的救援措施。
(3)掌握正压式呼吸器的佩戴方法。

一、硫化氢的基本性质

硫化氢是一种剧毒的神经性气体,在自然界中它的毒性仅次于氰化物,极易使人畜中毒死亡。

1. 物理性质

(1)颜色:硫化氢是无色(透明)气体,人的肉眼是看不见的,但一定浓度的硫化氢对眼睛有刺激作用。

(2)气味:硫化氢有一种特殊的、极难闻的类似臭鸡蛋气味,浓度较低时,可以嗅到这种气味,含量稍高会令人恶心,高含量时却无气味。

(3)密度:硫化氢是一种密度比空气略大的气体,在15℃、1大气压下的相对密度为1.189。因此,硫化氢气体易在地势较低的地方聚积,如地下室、地坑、下水道及相对封闭的大容器内。又由于硫化氢密度仅比空气略大,所以自然风可以驱散硫化氢的聚积。如果存在硫化氢泄漏或是处在可能有硫化氢存在的地方,人应当在自然风的上风方向、地势较高的地方工作;如人处于相对封闭的空间内,无自然风时,可采用防爆鼓风机或排气扇等人工通风的方法以驱散硫化氢。

(4)可溶性:硫化氢能在液体中溶解,既溶于水等无机溶剂,又溶于乙醇、甘油等有机溶剂。

2. 化学性质

(1)可燃性:硫化氢具有可燃性,其自燃温度为260℃。在氧气充足的条件下,硫化氢能完全燃烧,发出蓝色火焰,生成水和二氧化硫。

(2)可爆性:硫化氢气体以适当比例与空气或氧气混合后,点燃后有可能、但不一定会爆炸。

(3)酸性:硫化氢可与氢氧化钠、硫酸铜等强碱、盐发生反应,且溶于水后pH值小于7,表现为明显的酸性。

(4)强还原性:硫化氢能使酸性高锰酸钾溶液褪色,可与溴水、碘水、硝酸、浓硫酸等多种氧化剂发生氧化还原反应。

3. 毒性

吸入低浓度的硫化氢后,人可能会出现疲劳、眼睛疼痛、咳嗽以及恶心等肠胃反应;在神经功能方面,会出现头晕、昏昏欲睡或情绪兴奋的症状。

除低浓度的硫化氢引起的慢性中毒外,其他硫化氢中毒的表现特征可能有:视线模糊,有光圈感;眼睛有灼热感,怕光,红肿发炎,流泪;呼吸困难,呼吸道黏液增多,流口水,呼出的气体含有硫化氢的特殊臭味,咳嗽,胸闷,胸痛;严重中毒的还会出现头痛、四肢发抖进而僵硬,甚至失去平衡能力,小便呈现淡绿色;再严重的还会心律失常、失去知觉直至死亡。

4. 腐蚀性

硫化氢除了对人体产生严重的危害以外,对石油作业中的金属材料、非金属材料、钻(压)井液等都具一定的腐蚀破坏作用。硫化氢对材料的腐蚀破坏会造成井下管柱的突然断落、地面管汇和仪表爆破、井中装置破坏,甚至严重的井喷失控或着火事故。

二、井下作业过程中硫化氢的主要来源

修井作业中的循环罐、油罐及储浆罐是硫化氢的主要来源。这主要是由于修井时循环、自喷或抽吸，井内液体进入罐中，或修井时流入液体，导致硫酸盐产生的细菌进入未被污染的地层，导致油气层污染而产生硫化氢。在井口、压井液、放喷管、循环泵、管线中也有可能存在硫化氢。

三、硫化氢的安全规定

（1）阈限值。阈限值是指几乎所有工作人员长期暴露都不会产生不利影响的某种有毒物质在空气中的最大浓度。硫化氢的阈限值为 10ppm（15mg/m^3）。

（2）短期暴露限制。短期暴露限制中的短期是指 8h 内不超过 4 次，每次不超过 15min，每次间隔不少于 60min 的短期暴露最大浓度。硫化氢的短期暴露限制为 15ppm（22.5mg/m^3）。

（3）安全临界浓度。安全临界浓度是指工作人员在露天安全工作 8h 可接受的硫化氢最高浓度。硫化氢的安全临界浓度为 20ppm（30mg/m^3）。

（4）危险临界浓度。危险临界浓度是指达到此浓度时，对生命和健康会产生不可逆转的或延迟性的影响。硫化氢的危险临界浓度为 100ppm（150mg/m^3）。

四、作业现场硫化氢中毒救援程序

（1）了解硫化氢气体的来源地；确定风向（如果中毒事件发生在室外）；确定进出线路，避免自身中毒。

（2）按动报警器，使报警器报警。如果报警器在毒气区里，或附近没有合适的报警系统，就大声警告在毒气区的其他人。

（3）在安全地区找一个放置最近的设备，按照所要求的佩戴程序戴好呼吸器。

（4）根据自己判断出的中毒状态及地方，选择一个合适的救护方法，将受害者撤离出来。在撤离过程中仔细注意受害者的状态变化，如果有可能，应当帮助救护受害者。将受害者从毒气区里撤离的方法较多，通常以充分利用现场条件、能尽快撤离且不加重受害者的伤情作为主导原则。如现场救护人员多且具备担架等设施，就可采用抬担架的方法撤离受害者。

（5）检查受害者的中毒情况。进行人工呼吸直到下列情况出现：内科医生已对受害者进行检查；另一个人换班；自己的身体不能再继续做了；受害者复活或死亡。

（6）对每一个受害者进行医疗帮助，直到医疗帮助人员到达。

五、硫化氢检测仪

1. 便携式硫化氢检测仪

便携式硫化氢检测仪是电子检测仪的一种，它具有反应灵敏、适用范围广的优点，能立即显示并可按设定的值进行报警。

1）使用注意事项

使用前应详细阅读使用说明书，严格遵守使用方法，不得随意拆动，以免破坏其结构；在特

别潮湿的环境中存放请加防潮袋;防止从高处跌落,或受到剧烈震动;仪器长时间不用应定期对仪器进行充电(每月一次);仪器使用完后应关闭电源开关。

2)校验方法

仪器在使用过程中应定期进行调校并严格记录(一般每半年调校一次)。在清洁空气中将仪器零点调整显示为零后,开泵从仪器强吸口通入标准气体,待显示稳定后,调整仪器校正电位器使显示数字达到标准气体浓度数值(一般在标准气体流量控制台上进行)。停止通入标准气体使仪器抽入清洁空气,仪器应恢复到零点;否则应重新进行校正操作,使两者均达到符合标准规定的允许值。

2. 固定式硫化氢检测仪

固定式硫化氢检测仪是指在需要检测硫化氢浓度的地点安装多个探头,然后将多个探头通过电缆与室内安装的主机连接,在主机上交替显示各个探头所测得的硫化氢浓度。在硫化氢浓度达到设定值时,主机上发出声光报警信号。监测仪探头应置于现场硫化氢易泄漏区域,主机应安装在控制室。在现场如需24h连续监测硫化氢浓度,应采用固定式硫化氢监测仪,探头数量可根据现场测定点的数量来确定。

1)安装探头

探头一般是安装在离硫化氢气体可能泄漏点1m范围内,高度离地面约40cm。因硫化氢气体密度比空气密度大,所以在安装时要将传感器防雨罩的圆柱面指向地面;主机要安放到有人坚守的值班室内。

2)使用维护及注意事项

硫化氢检测仪属于精密安全仪器,应按厂家的使用说明书使用、维护及保养,不得随意拆动,以免破坏其结构。在使用过程中要定期校验,一年校验一次;在超量程环境中使用后要重新校验。保护好防爆部件的隔爆面,不得损伤。为保证传感器探头的检测精度,用户应根据要求定期进行标定(具体时间按说明书要求)。经常或定期清洗探头的防雨罩,用压缩空气吹扫防虫网,防止堵塞。在通电情况下严禁拆卸探头,在更换保险管时要关闭电源。

六、正压式呼吸器的使用

当周围空气被硫化氢或二氧化硫气体污染到不能再呼吸时,空气呼吸装置能为人们提供一个安全可靠的呼吸保护。空气呼吸装置包括空气净化呼吸器、负压式呼吸器及正压式呼吸器几种。在油气井作业过程中,常使用正压式呼吸器(视频1-3),它是利用呼吸器自带的压缩气瓶和封闭的全面罩供给新鲜空气,且使面罩内的压力大于外界的大气压,从而形成一个不依赖于环境气体的呼吸环境。

视频1-3 正压式呼吸器

1. 使用前的检查

(1)检查全面罩的镜片、系带、环状密封、呼气阀、吸气阀是否完好,以及供给阀的连接是否牢固。全面罩的各部位要清洁,不能有灰尘或被酸、碱、油及有害物质污染;镜片要擦拭干净。

(2)检查供给阀的动作是否灵活,与中压导管的连接是否牢固。

(3)检查气源压力表能否正常指示压力。

(4)检查背具是否完好无损,左右肩带、左右腰带缝合线有无断裂。

(5)检查气瓶组件的固定是否牢固,气瓶与减压器的连接是否牢固、紧密。

(6)打开瓶头阀,随着管路、减压系统中压力的上升,会听到气源余压报警器发出的短促声音;瓶头阀完全打开后,检查气瓶内的压力应为28~30MPa。

(7)检查整机的气密性,打开瓶头阀2min后关闭瓶头阀,观察压力表的示值,5min内的压力下降不超过4MPa。

(8)检查全面罩和供给阀的匹配情况,关闭供给阀的进气阀门,佩戴好全面罩吸气,供给阀的进气阀门应自动开启。

根据使用情况定期进行上述项目的检查,在不使用时,每月应对上述项目检查一次。

2. 佩戴方法

(1)佩戴正压式呼吸器时,先将快速接头拔开(以防在佩戴时损伤全面罩),然后将正压式呼吸器背在人身体后(瓶头阀在下方),根据身材调节好肩带、腰带,以合身牢靠、舒适为宜。

(2)连接好快速接头并锁紧,将全面罩置于胸前,以便随时佩戴。

(3)将供给阀的进气阀门置于关闭状态,打开瓶头阀,观察压力表示值,以估计使用时间。

(4)佩戴好全面罩(可不用系带)进行2~3次的深呼吸,感觉舒畅,屏气或呼气时供给阀应停止供气,无"嘶嘶"的响声。一切正常后,将全面罩系带收紧,使全面罩和人的额头、面部贴合良好并气密。在佩戴全面罩时,系带不要收得过紧,以面部感觉舒适、无明显的压痛为宜。全面罩和人的额头、面部贴合良好并气密后,此时深吸一口气,供给阀的进气阀门应自动开启。

(5)使用后将全面罩的系带解开,将消防头盔和全面罩分离,从头上摘下全面罩,同时关闭供给阀的进气阀门。将空气呼吸器从身体卸下,关闭瓶头阀。

3. 使用后的处理

(1)卸下全面罩,用中性或弱碱性消毒液洗涤全面罩的口鼻罩及人的面部、额头接触的部位,擦洗呼气阀片,最后用清水擦洗。洗净的部位应自然干燥。

(2)卸下背具上的空气瓶,擦净装具上的油雾、灰尘,并检查有无损坏的部位。

(3)对空气瓶充气,将充气的空气瓶接到减压器上并固定在背具上。

(4)按使用前准备工作要求,对呼吸器进行检查。

4. 注意事项

(1)建议两名或两名以上操作员协同作业。

(2)该装置仅用于呼吸系统的保护,气瓶用纯净的空气不能用氧气。在特殊情况下操作时,应另外佩戴特殊防护装备(如在高温下佩戴隔热板等)。

(3)在使用中,因碰撞或其他原因造成面罩错动时,应屏住呼吸,及时将面罩复位,但要保持面罩紧贴脸上,千万不能从脸上拉下面罩,若发生意外应立即撤离现场。

(4)经常查看压力表,注意余气量,在听到报警声后,应及时撤离作业现场。压力表固定在呼吸器的肩带处,随时可以观察压力表示值来判断气瓶内的剩余空气。

(5)呼吸器应有专人保管,定期检查保养,并储存在通风、干燥的阴凉处。

 **考核标准**

检查项目	操作标准	分数	扣分
硫化氢中毒救援程序	能完整准确说出硫化氢中毒时的救援程序	40	
正压式呼吸器的佩戴及使用	能对呼吸器各部分进行完整准确的检查	10	
	能按操作步骤正确佩戴呼吸器	40	
	使用完后能正确对呼吸器进行维护处理	10	
合计		100	

任务5 现场应急救援

 实习目的及要求

(1)掌握伤员搬运的现场应急救援方法。
(2)掌握止血的现场应急救援方法。
(3)掌握烧伤的现场应急救援方法。
(4)掌握中暑的现场应急救援方法。

一、伤员搬运的现场应急救援方法

1. 拖两臂法

该方法用来抢救有知觉或无知觉的个体伤员,如果伤员未严重受伤即可采用。拖两臂法可用在水平地面。救护人员从背后将伤员扶起,并且用救护者的一条腿顶着伤员的背部将伤员支撑起来;然后,救护者两臂从伤员胳膊窝下伸出,放在伤员两臂上面,抓住伤员的前臂,将伤员拉到安全地带。

2. 抬四肢法

两名救护人员分别站在伤员的前后,都面向一个方向。一名救护人员将手放入伤员的腋下,插入伤员两臂上方,并抓住伤员的前臂,做法同拖两臂法;另一名救护人员抓住伤员膝盖后部;然后,两名救护人员一起抬着走。

3. 抬担架法

该方法不用弯曲伤员的身体就可以立刻将伤员移开。由3~4人合成一组,将伤员移上担架。伤员头部向后,足部向前,这样后面抬担架的人,可以随时观察伤员病情变化。抬担架的人脚步、行动要一致,前面的开左脚,后面的开右脚,平稳前进。向高处抬(如上台阶、过桥)时,前面的人要放低,后面的人要抬高,使伤员保持水平状态;下台阶时则相反。

4. 拖拉衣服法

牢牢抓住伤员的衣服,将伤员拉到安全地带。

5. 坐位托运法

甲乙两个救护人在伤员两侧对立,甲以右膝、乙以左膝跪地,各以一手于伤员大腿之下互相紧握,另外一只手彼此交替搭于肩,支持伤员背部。

6. 拉车法

两个救护人,一个站在伤员的头部,两手插到其腋下,将其抱入怀内;一个站在其足部,站在伤员两腿中间,两人步调一致慢慢抬起。

7. 轿杠法

两个救护人员的双手交叉互相握住对方的手腕部,让伤员坐在上面,如伤员清醒可令其两臂搭在两个救护人员的肩上。

视频1-4　止血包扎方法

二、止血的现场应急救援方法

在意外事故中,损伤人体引起出血是最常见的,尤其较大血管损伤时更容易引起急性大出血。急性大出血的出血量超过 1000mL 时,即可引起休克,危及伤员生命。因此对出血伤员,应迅速采取有效的止血措施。止血包扎方法如视频 1-4 所示。

1. 指压动脉止血法

根据动脉血管分布情况,临时用手指把动脉压在骨面上,达到止血的目的。这个压迫点叫止血点,止血点比伤口更接近心脏。止血点的选择有以下几种:

(1)头皮:拇指按压在耳朵上部前方的骨骼上,正常可触摸动脉搏动。
(2)颜面:拇指按压下巴(下颌)下缘中部的凹处咀嚼肌的前方,正常人可触摸到动脉搏动。
(3)颈部:大拇指屈曲置于颈后方,其他4指压在颈部侧后,用力向大拇指的方向压迫。
(4)胸和腋下部:拇指放在锁骨上方的凹处,用力压迫。
(5)前臂:手指放在上臂的内侧,压迫肌肉间的凹陷处。
(6)手:拇指按压在手腕内侧,向骨头方向用力压迫。
(7)下肢:用手掌根部,用力压在大腿根部(腹股沟)、粗大肌肉的内侧,向骨头方向用力压迫。

2. 直接加压止血法

直接加压止血法是直接对出血的伤口加压。先用数块大于伤口的灭菌纱布覆盖在伤口上,然后用手指或手掌用力加压,假如出血量不多,直接加压止血多能奏效。现场无消毒纱布时可用清洁的手帕或清洁的布片代替,如果布片也没有,可将衣服上最清洁的部分剪下,以代替纱布加压包扎;同时将出血肢体抬高。加压 10~30min 后,一般都能止血。出血停止后不调换原来的纱布,让血染上的纱布留在原处不动,因为更换血染纱布,常会引起再出血。怀疑尚有少量渗血,可在原来的纱布上再重置纱布数块,略加压力包扎以后送往医院处理。加压止血失败则采用指压动脉止血法止血。

3. 血压表气袋加压止血法

当测量血压时,如气袋压迫时间过久,会感到前臂麻木,说明当时血流受阻。四肢大出血时可以利用血压表的气袋止血。气袋扎在伤口的近心端,适量充气加压止血,一般维持在 150mm 汞柱上下;出血控制后扎紧,气袋可维持 30min。应注意不让气体泄漏,保持气袋内压力,急送医院治疗。

4. 止血带止血法

以上几种止血法均失败时,就要采用止血带止血法。使用过程中应注意:止血带应固定在伤口上部(近心端),上臂中 1/3 的部位不可扎血带,以免压迫神经使手臂麻痹;扎止血带前,选用厚布垫、毛巾或其他布片垫好,止血带不要直接扎在皮肤上,紧急时可卷起裤脚或袖口,将止血带扎在上面;没有止血带时,可用三角巾、毛巾、手帕等材料,但禁用电线、绳索代替;扎止血带松紧要适当,不可过紧或过松;凡用止血带的伤员,都应有明显的标志,标志不可盖在衣服内,还要在标志上记明上止血带的时间,并告诉伤员和运送的救护人员;止血带要每隔 1h 松懈一次,每次 1~2min。松懈前先换用指压动脉止血法,然后慢慢解开。如果发现松懈后又大量出血,并且有产生休克的危险,也可以不松懈,但以 4~5h 为限。

三、烧伤的现场应急救援方法

在烧伤的现场应急救援中首先设法扑灭伤员身上的火焰,力争减轻伤情,方法是用棉被、毛毯等覆盖灭火,也可就近用水浇灭,并迅速脱去燃着的衣服、鞋袜。严禁奔跑喊叫,以免烧伤呼吸道。四肢烧伤时,可立即将伤肢浸入冷水中,以降低局部温度,减轻烧伤的程度。

对于受伤的肢体,衣服不容易脱去时,不能强行脱衣,以免把皮肤撕脱,应用剪刀把衣服剪掉,以清洁敷料或布类简单地包裹创面,以免再污染损伤。不可在创面涂有色外用药(如紫药水)。

为缓解疼痛,可口服止痛片 1~2 片;烧伤较重者可肌肉注射哌啶 1~2mg/kg;若伴有颅外伤及呼吸困难禁用麻醉药品。如发现心跳、呼吸停止,应争分夺秒地进行胸外心脏按压和口对口人工呼吸等复苏处理。注意保温,减少各种刺激。对口渴的病人,可口服烧伤饮料或含盐饮料;对伤情严重并发休克者应及早建立静脉通道,进行静脉补液。

四、中暑的现场应急救援及预防

1. 先兆中暑与轻症中暑的现场应急救援方法

(1)使伤员避开阳光照射,在通风良好的地方静卧,稍抬高头部及肩部。

（2）放松紧束身体的衣裤、腰带及鞋带。

（3）轻症中暑者可口服十滴水、人丹、风油精等药物。

2. 重症中暑的现场应急救援方法

（1）物理降温。

（2）药物降温。药物降温时，使肛门温度降至38℃后即停止降温。

3. 中暑的预防

遮盖热源，通风降温（自然通风降温、机械通风降温），加强个人防护措施，在工作及休息场所供给充足的清凉饮料，准备防暑成药人丹、藿香正气水、风油精等。

**考核标准**

检查项目	操作标准	分数	扣分
伤员搬运的现场应急救援	能根据伤员的不同情况选择合适的搬运方法	30	
止血的现场应急救援	学会两种以上现场止血方法	20	
烧伤的现场应急救援	能根据烧伤情况正确地进行现场应急救援	20	
中暑的现场应急救援	能根据不同的中暑症状选择合适的现场应急救援方法	30	
	合计	100	

项目三　常用工具认识

任务1　地面常用工具认识

实习目的及要求

（1）了解管钳、液压油管钳、吊卡、链钳、黄油枪、千斤顶、游标卡尺和钢卷尺的结构与性能，熟悉各种工具的主要用途及维护保养。

（2）熟练掌握各种工具的使用方法。

（3）熟悉各种工具使用时的安全注意事项。

一、准备工作

（1）穿戴好劳保用品。

（2）修井常用24in、36in、48in管钳各两把，液压油管钳两台，活门吊卡、月牙形吊卡各两副，抽油杆吊卡两副，900mm、1000mm、1200mm链钳各一副，黄油枪两把，5t液压千斤顶和螺旋千斤顶各一副，游标卡尺两把，钢卷尺两卷。

（3）棉纱布、黄油、润滑油（机油）若干，钢丝刷两把，16mm 钢丝绳套两个，活动扳手两把，安全带两副。

二、地面常用工具简介

1. 管钳

管钳主要用来夹持和旋转金属管或其他圆柱类工件，是一种广泛用于石油管道和民用管道的安装和维修的工具，主要由钳柄、钳牙、调节螺母等组成，如视频 1-5 所示。

1) 使用方法

（1）根据管子或工作物直径选择合适的管钳。

（2）上卸扣前，将钳口开到适当的尺度，一手扶钳头，一手握钳柄，试卡管径，调节螺母来调整开口直到大小正好为止。

（3）用管钳上卸井口油管扣时，用管钳卡油管，操作者站在井口操作台上，一手扶住钳头，一手握住钳柄稍向下压。遵照左上右卸的原则，将握住钳柄的手一边向怀里拉，一边使钳口咬住管体，上卸油管。待加力上紧油管或卸松扣时，两手握住钳柄，一手掌心向上，一手掌心向下，两腿成弓步，腰臂下塌，重心降低，两脚踏实，直到上紧或卸开。

（4）地面上卸扣时，调好钳子开口后，一手扶钳头，另一手伸开五指，用掌心部位向下压钳柄，当钳柄压到地面后，扶在钳头的手要将钳头扶正，扶在钳柄的手拉起钳柄，伸平五指，待钳牙咬住管体后，再向下压。重复上面操作，即可将扣上紧或卸开。

2) 维修和保养

（1）使用前检查固定销钉是否牢固，钳柄、钳头有无裂痕。

（2）用后及时洗净，涂抹黄油，防止旋转螺母生锈，并放回工具架上或工具房内。

3) 注意事项

（1）钳头要卡紧工件后再用力扳，防止打滑伤人。

（2）管钳不能用加力管，以免损坏。

（3）管钳开口方向与用力方向一致。

（4）管钳牙和调节环要保持清洁。

（5）一般管钳不能作为锤头使用。

2. 液压油管钳

液压油管钳是目前在油田修井作业中，用来起下管柱时上卸扣的一种理想工具，主要由液压马达、主钳总成、背钳总成、前后导杆、手动换向装置、扭矩调节阀、防挤手装置、悬吊器等组成，如视频 1-6 所示。

视频 1-6 吊装液压油管钳

1)吊装液压油管钳

(1)准备直径⅜~½in的钢丝10m长和3m长的各一段。把10m长钢丝绳用两个Y_4-12钢丝绳卡拴成一个直径约0.15m的绳套。

(2)一人系好安全带,携带10m长钢丝绳的绳套端爬上井架适当的位置(18m井架在井架两段连接处),将钢丝绳的绳套端从井架连接处的横梁一侧绕过,再将钢丝绳的另一端从绳套内穿过,并从井架的前方顺至井口,拉紧。

(3)将预先准备的绳套挂在大钩和液压钳上,用通井机起吊。起吊时钳子要平,当钳口对准油管接箍时停车。

(4)把从井架上顺下的钢丝绳穿过吊钳上的挂环后向上折并拉紧,用一个Y_4-12卡子卡紧。松吊液压钳的绳套,看液压钳悬挂位置即钳口的高度与井口油管和接箍位置是否对正,不正则重调钳子的高度。

(5)调整液压钳的重心,使其上卸油管时保持水平。

(6)用一段3m长的钢丝绳穿过液压油管钳尾部的尾绳连接螺栓,用两个Y_4-12卡子卡紧,用钢丝绳的另一端绕过井架一侧底角,卡紧。从井架至钳体尾部之间的钢丝绳长度,一般以能将钳体拉到井口、主钳开口卡住油管为宜。

2)接液压管线调试液压油管钳

(1)检查两根液压管线两端的快速连接接头是否清洁、完好,若有脏物要清洗干净并涂黄油,看两根管线是否畅通。将两根管线分别与液压油管钳两端的快速接头按进、出循环回路插在钳子和通井机液压泵的连接接头上。

(2)打开通井机上液压油油箱到液压油管钳之间液压油循环回路上的闸阀和溢流阀,开动液压泵,循环液压油。调整溢流阀,将其液压压力调至正常工作压力7~9MPa,在需要时可调至10~11MPa,使液压钳在正、反转和高、低挡上各空转1~2min试运转,观察液压管线接头处连接是否合格,若有漏油现象及时整改。

3)使用方法

(1)换挡:操作(微动)换向阀手柄,下压拨叉轴(挂挡手柄)挂挡为高速挡;反之,上拨拨叉轴(挂挡手柄)挂挡为低速挡。换挡操作必须在液压油管钳主钳旋转速度较慢的情况下进行,以防损坏齿轮。

(2)安装主钳颚板及背钳牙座。

(3)调节系统压力:将溢流阀丝杆松开,液压油管钳挂高挡卡着管柱,缓慢拧进溢流阀丝杆,使供油压力缓慢上升,当升至预定压力时,停止拧动,并背紧背帽,溢流阀即已调定为预定系统压力。液压油管钳出厂时,调定溢流压力为8MPa。

(4)调整扭矩调节阀(液压油管钳装有扭矩控制系统时带有此阀):在系统压力已调定的情况下,将扭矩调节阀螺杆完全退出,再将液压油管钳以抵挡上扣状态卡紧管柱,观察扭矩表指针有无显示,然后旋进扭矩调节阀螺杆,观察扭矩表指针,显示扭矩在上升,当上升至设定扭矩对应的压力值时停止拧动,操作终止。

(5)上扣:在主钳和背钳钳头对齐缺口的状态下,分别将主钳复位旋钮及背钳复位旋钮扳向上扣方向,并将液压油管钳推向管柱,操作换向阀手柄,使主钳钳头沿上扣方向旋转,进行上扣。上扣完毕,操作换向阀手柄,使主钳反转至主钳、背钳钳头分别对齐缺口,然后将液压油管钳撤离管柱,即完成一次上扣操作。

(6)卸扣:在主钳和背钳钳头对齐缺口的状态下,分别将主钳复位旋钮及背钳复位旋钮扳向卸扣方向,并将液压油管钳推向管柱,操作换向阀手柄,使主钳钳头沿卸扣方向旋转,进行卸扣。卸扣完毕,操作换向阀手柄,使主钳反转至主钳、背钳钳头分别对齐缺口,然后将液压油管钳撤离管柱,即完成一次卸扣操作。无论上扣或卸扣,在初始转动时,力求转速缓慢,以减轻主钳、背钳的反向撞击及对管柱的损伤。

(7)调整主钳、背钳间距:在组合钳体落地状态下,将导杆销插入前后导杆靠上孔眼,主钳、背钳间距将加大。反之将导杆销插入前后导杆靠下孔眼,主钳、背钳间距将减小。

4)维修和保养

(1)连续使用三个月,用煤油或柴油清洗主钳及背钳钳头,将各松动螺栓拧紧,并卸开挡孔板向各齿轮齿面注润滑脂。

(2)每施工一井次,要清洗主钳及背钳钳头,将各松动螺栓拧紧,并注润滑脂。

(3)坚持日常保养,及时清除钳体里的积水或油泥脏物,保持设备清洁。

(4)不得用高温的方法清洗液压油管钳以免造成零件损坏。

(5)应根据环境温度选择合适的液压油。

(6)液压油油温不得超过65℃,以免造成液压系统密封件损坏。

(7)液压油必须保持清洁,过滤器应定时清洗。

5)使用注意事项

(1)液压油管钳悬吊高度必须适当。

(2)液压油管钳上卸扣时,严禁两人同时操作。

(3)操作液压油管钳上卸扣时,井口人员站位合理,离开大钳尾部以防钳尾摆动伤人。

(4)严禁使用液压油管钳上卸各类下井工具。

(5)操作液压油管钳时衣袖必须系好,防止绞进液压油管钳内受伤。

(6)液压油管钳出现异响时,为确保安全切断动力源之后方可查找问题。

(7)液压油管钳更换部件、维修、拆装颚板架的鄂板固定螺栓时,必须在动力设备熄火的情况下方可操作。动力设备未熄火,严禁将手指伸入钳头内的开口处,以防挤伤手指。

3. 吊卡

吊卡放在钻台上,是套扣在钻杆接头、油管、套(铣)管接箍下面,用以悬挂、提升和下入钻杆、套(铣)管、油管等管柱的工具。修井起下管柱常用吊卡有活门吊卡(CSD 型)和月牙形吊卡(DK 型)两种(视频1-7)。活门吊卡常用于大修作业和起下直径较大的油管,它由吊卡体、活门、销子、手柄、锁扣等组成。月牙形吊卡常用在负荷不太大时的起下作业,它由壳体、凹槽、插闩、手柄、弹簧等组成。

视频1-7 吊卡

1)使用方法

(1)选用合适的吊卡。

(2)吊卡通径与最大提升载荷应符合现场作业要求。

(3)使用前应检查锁销手柄及活门的开启与关闭是否灵活,紧定螺钉是否紧固,如不符合要求,应加以排除。

(4)吊环套入吊卡主体两侧耳孔后,必须插入安全销。

(5)吊卡活门关闭后,应检查上、下锁销是否锁牢,只有当活门与主体可靠锁牢后,才能进行提升作业。

2)维修和保养

(1)吊卡使用后应清除泥污,检查各零件的安全性,然后涂防锈油,并存放于干燥通风处。

(2)吊卡现场检查,出现判修、判废依据情况之一应回收修理或报废。

(3)不连续使用或长期不使用的提升设备,应整体进行清洁,去除钻井液和油污,在加工表面上涂防锈油脂。

(4)未使用或长期不使用的提升设备应放在通风、干燥处,避免日晒雨淋。现场使用的提升设备应采取相应的措施,防止锈蚀。提升设备禁止与酸、碱、盐等腐蚀性物质接触。

(5)吊卡使用前应进行日常检查。

3)注意事项

(1)按规定定期检测。

(2)吊卡销子要系好保险绳。

(3)吊卡用后要及时清洗、保养。

(4)防止加厚油管吊卡和平式油管吊卡用错。

4. 链钳

链钳由手柄、钳头和链条等主要部件组成,用于外径尺寸较大、管壁较薄的金属管的螺纹装卸,也可用于管壁较厚的管材上卸扣。钳头上有用销子固定的两块夹板,每块夹板的四边角均做成梯形齿,以便与管壁咬合、防止打滑。链条采用全包式,可绕过管子卡在两块夹板的锁紧部位,使包合管子的外力分布均匀。

1)使用方法

(1)面对管线站立,双脚分开与肩同宽,手持钳柄与管体中心线垂直,将钳头方向与旋转管体方向一致并紧靠在管体上面,然后把链条反方向(与转动方向相反)绕管体一周拉扣到夹板的锁紧部位。

(2)将钳柄稍向后拖,使齿头梯形齿紧紧咬在管体上面,然后转动手柄。若空间允许,则沿圆周方向连续推动旋转;若空间受限,则将钳柄推转到最大角度时,左手托起链钳夹板,右手将钳柄扳回原位,再次推转手柄。如此反复进行,即可上卸螺纹。

(3)工作结束,将钳柄往回退一下,即可放松链条,再将夹板晃动,右手托住钳头,左手取出链条。

对于平放的管线,可将需要连接的管线用垫木垫平,将钳头垂直排放在所需转动的管体的螺纹连接部位。将链条绕过管体并拉紧卡在锁紧部位的卡子,将钳柄向后稍拖一下,使卡板上的梯形齿与管体紧密咬合。工作结束,下压钳柄,可使包合管子的链条松动。

2)注意事项及维修和保养

(1)使用前必须对链钳各部位进行仔细检查,不得有裂纹和缺损,各链节间连接可靠,转动灵活、无阻卡。

(2)链条包合至锁卡部位应拉紧并注意紧密扣合,防止工作过程中链条松脱、钳头下砸而碰伤手脚。

(3)链条包合并卡在锁紧位置向后拖钳柄使之扣合后,夹板头梯形台阶上至少应有两个以上的齿压在管体上,防止在转动钳柄时出现打滑或咬伤管体的现象。

(4)链条包合的咬紧部位应尽量靠近管体的紧扣或松扣部位,咬合时,链条应均匀紧贴管壁,且两夹板应垂直管体轴线,不能偏斜造成一块夹板单独受力而缩短使用寿命。

(5)链钳工作过程中,禁止使用加力管,以防超负荷将链条拉断或压扁管体。

(6)链钳手柄不能用作撬杠,以防弯曲或损坏。

(7)用完后,将链条拉直使链钳平放在工具台上或者将钳柄朝下、钳头朝上,并将链条翻搭在支架另一侧,使链钳斜靠在支架上。

(8)链钳使用后,应保持清洁、干净,除必要时对链条各销孔及轴滴油润滑外,任何部位都不能留有淤泥和油泥。

5. 黄油枪

黄油枪是一种由手柄、枪头、枪管、拉手四部分构成,给机械设备加注润滑脂的手动工具,如视频1-8所示。它可以选装铁枪杆(铁枪头)或软管(平枪头)加油嘴。

视频1-8 黄油枪

1)使用方法

(1)装油脂时,拉动活塞拉杆到黄油枪底盖,再将活塞拉杆上的槽卡在侧孔内;拧开黄枪头,用一干净的东西把黄油装入储油筒内,拧紧油枪头;松开活塞拉杆,黄油靠弹簧的压力进入油缸筒的进油孔,装油过程结束。

(2)打黄油时,将黄油枪的出油嘴插入润滑设备的黄油嘴内,上下或左右摆动压把,即可注入黄油嘴内。注入量的多少可以靠压把上下滑动次数控制,直到感觉人力不能下压时,即表示油脂已经注满,可以将油枪头从油嘴上拔下。

2)注意事项及维修和保养

(1)使用黄油枪时应轻拿轻放,以防枪筒在外力作用下变形而导致枪筒里的橡皮碗无法正常工作。

(2)在排尽空气仍然打不出黄油时,应停止操作并仔细检查枪内的阻塞,排除故障后方可重新操作。

6. 千斤顶

千斤顶是一种起重高度小(小于1m)的最简单的起重设备,有机械式和液压式两种,主要用于厂矿、交通运输等部门完成车辆修理及其他起重、支撑等工作。其结构轻巧坚固、灵活可靠,一人即可携带和操作。

1) 螺旋千斤顶(机械式)使用方法

(1) 使用前先检查螺旋千斤顶各部件是否完整齐全、灵活可靠。

(2) 将各活动部位加足润滑油,并转动手柄活动一下各运动部位,使润滑油充分进入。

(3) 将撑牙部位调整至伸出方向,而后将手柄插入轮壳孔内,扳动手柄时,活塞即可出。当主杆出现红色最高线时,表示千斤顶已伸出至额定长度,应立即停止扳动手柄,否则会损坏千斤顶。

(4) 如需主杆缩回,将撑牙位置移至缩回方向,扳动手柄,活塞即可缩回。

(5) 用完千斤顶后,应擦拭干净,并将各油孔内和摩擦面加注或涂抹机油。

2) 液压千斤顶使用方法

使用时先将手动泵的快速接头与顶对接,然后选好位置,将油泵上的放油螺钉旋紧,即可工作。欲使活塞杆下降,将手动油泵手轮按逆时针方向微微旋松,油缸卸荷,活塞杆即逐渐下降,否则下降速度过快将产生危险。具体如视频1-9所示。

3) 注意事项及维修和保养

(1) 选择千斤顶的规格应适当,严禁超载荷使用;几台千斤顶联合使用时,起落应平稳同步。

(2) 操作时,基础应稳固牢靠;顶头与光滑面接触时,应垫垫木防滑。

(3) 载荷应与千斤顶轴线一致,液压千斤顶应使用专用液压油。

(4) 液压千斤顶不能倒置使用。

7. 游标卡尺

游标卡尺是一种中等精度的量具,它可以直接测出工件的内外尺寸。常用的游标卡尺有125mm、150mm和200mm三种规格(视频1-10),这三种游标卡尺的精度均为0.02mm。

视频1-9 液压千斤顶

视频1-10 游标卡尺

1) 使用方法

(1) 使用游标卡尺测量工件尺寸时,应先检查尺况,再校准零位,即主副两个尺上的零刻度线同时对正,即为合格。

(2) 测量工件外径时,先将两卡脚张开得比被测尺寸大些,而测量内尺寸时,则应将两卡脚张开的比被测工件尺寸小些,然后使固定卡脚的测量面贴靠工件,轻轻用力使副尺上活动卡脚的测量面也贴紧工件,并使两卡脚测量面的连线与所测工件表面垂直,再拧紧固定螺钉。

(3) 在主尺上读出副尺零位的读数。

(4) 在副尺上找到和主尺相重合的读数,将此读数除100即为毫米数。

(5) 将上述两数值相加,即为测得尺寸。

2) 维修和保养

(1) 轻拿轻放,不要把卡尺当作卡钳或螺钉扳手或其他工具使用。

(2) 卡尺使用完毕必须擦净上油,两个外量爪间保持一定的距离,拧紧固定螺钉,放回到卡尺盒内。

(3) 不得放在潮湿、湿度变化大的地方。

3) 注意事项

(1) 测量前应把卡尺擦干净,检查卡尺的两个测量面和测量刃口是否平直无损,把两个量爪紧密贴合时,应无明显的间隙,同时游标和主尺的零位刻线要相互对准。

(2) 移动尺框时,活动要自如,不应过松或过紧,更不能有晃动现象。

(3) 测量时,不允许过分施加压力,所用压力应使两个量爪刚好接触零件表面。

(4) 为了获得正确的测量结果,可以多测量几次。

8. 钢卷尺

1) 使用方法

钢卷尺量尺寸时,有两种量法,一种是挂在物体上,一种是顶到物体上,平拉出来卷尺的刻度就是物体的长度。两种量法的差别就是卷尺头部铁片的厚度。卷尺头部松的目的就是在顶在物体上时,能将卷尺头部铁片补偿出来。

2) 注意事项

(1) 拉尺带时不要用力过猛,用毕徐徐退回尺带。使用自卷式卷尺,拉出时要平拉,收卷时要用手将尺带往回送一下,避免猛地一下收卷,将尺带扭弯或折断。使用制动式卷尺,应先按下制动按钮,然后拉出尺带,用毕按下按钮,尺带自动卷进。尺带只能卷不能折。

(2) 测量时必须保持测量点在被测工件的垂直截面上。

(3) 尺带的刻线面要保持清洁,测量时尽量不要使其与被测面摩擦,防止划伤。

(4) 用后将尺带上的油污水渍擦干,防止锈蚀。

**考核标准**

检查项目	操作标准	分数	扣分
准确选用修井工具	教师布置任意任务,由学生挑选合适工具完成任务	30	
工具使用	使用工具时方法正确,步骤完整	70	
	合计	100	

任务 2　常用井下工具认识

实习目的及要求

(1)掌握封隔器、配水器等常用井下工具的结构原理和主要技术参数。
(2)熟练掌握封隔器等常用井下工具的使用方法,学会维修保养。

一、封隔器

封隔器一般由钢体、胶皮封隔件部分、控制部分构成,如图 1-8 所示。它是在井筒中把不同的油层、水层分隔开并承受一定压差的井下工具。封隔器既能下到井筒预定位置,封隔严密,又在井下具有耐久性,需要时可顺利起出。

图 1-8　封隔器

封隔器的坐封是指每一种封隔器在给定的方法和载荷作用下产生动作,使封隔件处于工作状态。封隔器的解封是指需要起出封隔器时,按给定的方法和载荷解除封隔件的工作状态。

1. 封隔器分类与型号

根据实现密封的方式,可将封隔器分为自封式、压缩式、扩张式、楔入式。自封式封隔器靠封隔件外径与套管内径的过盈和工作压差实现密封。压缩式封隔器靠轴向力压缩封隔件,使封隔件外径变大实现密封。扩张式封隔器靠径向力作用或封隔件内腔的液压力,使封隔件外径扩大实现密封。楔入式封隔器靠楔入封隔件,使封隔件外径变大实现密封。封隔器型号如图 1-9 所示,型号中各代号意义见表 1-3。

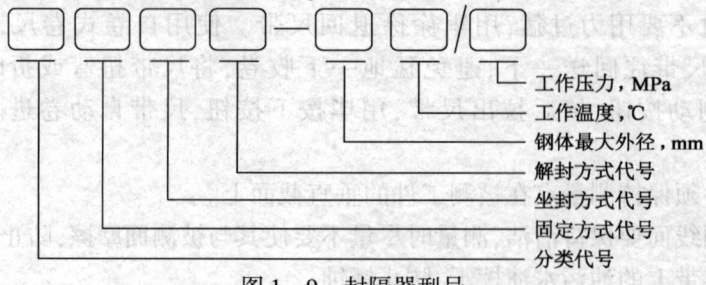

图 1-9　封隔器型号

表1-3 封隔器各代号意义

代号	字母或数字	意义
分类代号	Z	自封式
	Y	压缩式
	K	扩张式
	X	楔入式
固定方式代号	1	尾管支撑
	2	单向卡瓦
	3	无支撑
	4	双向卡瓦
	5	锚瓦
坐封方式代号	1	提放管柱
	2	转动管柱
	3	自封
	4	液压
	5	下工具
	6	热力
解封方式代号	1	提放管柱
	2	转动管柱
	3	钻铣
	4	液压
	5	下工具
	6	热力

下面介绍几类常用封隔器。

2. Y111型封隔器

1)工作原理

Y111型封隔器靠尾管支撑,油管自重坐封,上提油管解封,封隔件为压缩式。坐封时按所需坐封高度下放管柱。因承压接头和下接头与尾管(或卡瓦封隔器,或支撑卡瓦)相接,以井底(或卡瓦封隔器,或支撑卡瓦)为支点,坐封剪钉在一定管柱重力作用下被剪断使上接头、调节环、中心管和键一起下行,压缩胶筒,使胶筒外径变大,封隔油套管柱环形空间。

解封时上提管柱,胶筒收回,恢复原状。

2)用途

Y111型封隔器用于分层试油、采油、找水、堵水等。

3)特点

Y111型封隔器结构较简单,既能单独使用(以井底支撑),又能和卡瓦封隔器或支撑卡瓦配套使用。

3. Y211 型封隔器

1）工作原理

Y211 型封隔器靠单向卡瓦支撑，油管自重坐封，上提油管解封，封隔件为压缩式。封隔器下井时扶正体在小弹簧的作用下，紧贴套管内壁，滑环销钉处于短轨道上死点，卡瓦被钢球锁在中心管上，保证封隔器顺利下井。下至预定位置后，上提管柱一定高度，滑环销钉滑至轨道下死点，此时再下放管柱，滑环销钉滑至长轨道，推动挡球套上移，钢球脱离中心管使卡瓦与锥体产生相对运动，锥体进入卡瓦使其张开，并卡在套管内壁。再下放管柱压缩胶筒密封油套环空。

起封隔器时，上提油管柱，锥体脱开卡瓦，滑环销钉滑至长轨道的下死点，即可起出封隔器。

2）用途

Y211 型封隔器用于分层试油、采油、找水、堵水等。

3）特点

与 Y111 型封隔壁相比，Y211 型封隔器无需尾管或底部工具支撑，可减少管柱长度。

4. Y341 型封隔器

1）工作原理

Y341 型封隔器无支撑卡瓦，液压坐封，上提油管解封，封隔件为压缩式。坐封时，将封隔器下至完井深度，油管内注入高压水推动液缸上移剪断剪钉压缩胶筒，胶筒到位，自锁锁定，坐封完成。

解封时，上提或下放管柱，利用密封胶筒与套管的摩擦作用，解开锁紧机构，密封胶筒恢复原状，封隔器解封。

2）用途

分层采油及封堵高含水层时，Y341 型封隔器适用于层间压差较大或普通封隔器难坐封的井。一般与 Y441 型封隔器或 Y445 型封隔器配套使用。

3）特点

Y341 型封隔器坐封依靠油管内施加液压，所以无需尾管或卡瓦支撑。坐封可靠，耐压高，洗井不解封。但长时间不动管柱时，解封可能发生卡管柱现象。

5. Y445 型封隔器

1）工作原理

Y445 型封隔器靠双向卡瓦支撑，液压坐封，下工具解封，封隔件为压缩式。坐封时将封隔器下到设计位置，投入设计直径的钢球后注水加压，达到设计压力时上提管柱、继续加压，直至丢手完成为止,由于丢手后留在井筒内,该类封隔器也被称为桥塞。

解封时用油管连接专用打捞工具,下到丢手位置,加压使打捞爪楔入提解套沟槽内,上提即可解封。

2) 用途

Y445 型封隔器用于封堵底层、封闭井底、选层压裂。

3) 特点

Y445 型封隔器下井过程中遇阻不坐封,可承受较高封隔压差。由于胶筒位于卡瓦上方,避免了卡瓦被砂埋的可能,解封时强制卡瓦复位,所以解封可靠。

6. K344 型封隔器

1) 工作原理

K344 型封隔器无支撑卡瓦,封隔件为扩张式。坐封原理为压差式,当油管内外压差达到设计值时,液压作用于胶筒内腔,使胶筒胀开,密封油套环形空间。解封时只需放掉油管内压力胶筒即收回。

2) 用途

K344 型封隔器用于分层注水、分层酸化、分层压裂、找窜封窜。

3) 特点

K344 型封隔器结构简单,便于制造,不易造成管柱卡;密封可靠且洗井方便,不易堵塞;能一次多级封隔器下井。但停注时地层之间易窜通,胶筒多次扩张收缩后容易损坏。扩张式封隔器坐封液压压力远远小于压缩式封隔器坐封液压压力。

二、配水器

配水器是为了满足分层注水需要,控制各地层注水量的井下工具,常与封隔器配套使用。

1. 空心配水器

空心配水器结构如图 1-10 所示。配水器工作时,从油管内加压,高压水经过滤网罩(其作用是防止杂质堵塞水嘴)作用在阀上,当配水器内外压差大于设计启动压差时,注入水克服弹簧力顶开阀,将水注入地层。停注时,弹簧推动阀体关闭配水器。

图 1-10 空心配水器

空心配水器的优点是对水质和井况适应能力强,投捞成功率高,测试准确,加工简单且造价便宜,缺点是只能分注 3 至 4 层。空心配水器如需调节某层位注水量,捞出芯子更换即可。

使用中需要注意：(1)多级使用(最多三级)时，按上大下小的顺序设计配水器；(2)捞芯子时应自上而下，投芯子时应相反。

2. 偏心配水器

偏心配水器可分为工作筒和堵塞器两部分。正常注水时，堵塞器坐于配水器主体的偏孔上。堵塞器主体上下两组四道O形胶圈封住偏孔的出液槽。注入水经工作筒主通道，再经堵塞器滤罩、水嘴、堵塞器主体的出液槽和工作筒主体的偏孔流出配水器，注入地层。

偏心式配水器的优点是可以配注任意多层，分层水量较准确，调节注水量方便；缺点是易受水质影响，使用污水回注时易出现坐不住、下行遇阻、调配遇卡等事故。

三、油管锚

油管锚是一类能将油管锚定在套管上，防止油管蠕动、旋转、弯曲的井下工具。其作用是提高泵效、减少杆管摩擦，部分油管锚同时具有泄油器功能。

1. 水力锚

水力锚依靠水力作用推出卡瓦，使油管锚定在套管上，其结构如图1-11所示。

图1-11 水力锚

1) 工作原理

将水力锚接在管柱中下井到达预定位置后，从油管内泵入压力，液压经中心管的孔槽作用于坐封活塞上，当压力达到设计值时坐封销钉被剪断，活塞推动上锥体使卡瓦张开实现锚定。由于锁环的作用，即使泄掉油管内的液压，卡瓦也始终处于锚定状态。提出管柱时，解封销钉被剪断，中心管与下接头连接的锁块失去了泄油套的支撑，在尾管重量和油管中液力的作用下，下接头与中心管分开实现泄油并带动下锥体向下移动，同时中心管带动上锥体向上移动，卡瓦回收。

2) 特点

水力锚可简化管柱，提高经济效益；卡瓦靠水力推出，并具有锁定机构，所以锚定可靠；解锚时锥体强制收回，保证解锚可靠。

3) 使用要求

用于抽油泵时直接接在泵上端下井使用，用于螺杆泵时接在泵下端；锚定位置必须避开套管接箍位置；下井前必须检查工具外观有无损伤，螺纹是否完好；下井过程中严禁猛提猛放，下放管柱速度应在20根/小时以内，以免工作中途坐卡；下井途中需压井或洗井时，只能反洗井。

2. Y441 油管锚

1）工作原理

将 Y441 油管锚下放到设计位置时，向油管内注水打压，当压力达到设计值时，油管锚锚定。解锚时上提油管，达到解锚压力时即可提出管柱。

2）特点

将 Y441 油管锚上提解锚可防止油管断脱；坐锚牢固，解锚彻底可靠。

3）使用要求

将 Y441 油管锚下井时下接抽油泵，上接油管；下井前防止碰撞；储存时要平直摆放，防雨淋及腐蚀。

3. 自锁式泄油锚定器

1）工作原理

将自锁式泄油锚定器直接接于泵上，开抽后自动在管内液压下发生锚定。起出时，上提油管至悬重，用油管钳正转 20 圈以上，即完成泄油动作，同时完成解除锚定，继续上提油管即可。

2）特点

自锁式泄油锚定器通径较大；使用方便；解锚容易；在稠油井、大泵井、斜井、抽油杆断脱井均可实现泄油。

3）使用要求

严禁上下接头间产生扭矩，以防泄油孔被打开；严禁中途试压，或往油管内注水，以防中途锚定；在稠油井中使用时，下井速度不得高于 20 根/小时，以防中途锚定；严禁在带有油管旋转装置的油井内使用；斜井中慎用。

四、泄油器

泄油器的作用是在提出井内生产管柱时，将管内井液泄出至油套环形空间内，以减少对地面环境的污染。常用的泄油器有以下几类。

1. 销钉式泄油器

销钉式泄油器结构如图 1-12 所示。

1）工作原理

作业时先提出活塞，再提出油管，见液面后投入抽油杆，抽油杆下落的冲击力作用在销钉上，使销钉在剪断控制槽处剪断，泄油器上部的液体泄入井内。

图 1-12 销钉式泄油器

2)特点

销钉式泄油器结构简单可靠,成本低。

3)注意事项

销钉式泄油器与有杆泵配合使用时,接在泵筒与固定球阀之间;与无杆泵配合使用时,接在单流阀以上。

2. 旋转泄油器

1)工作原理

旋转泄油器由上接头、中心管、铜剪钉、承载套、壳体、密封圈组成,中心管和壳体上有相互配合的反扣螺纹,密封胶圈密封泄油孔。当管柱在锚定状态时,正转管柱中心管上的反扣螺纹向上移动露出泄油孔时即可泄油。

2)特点

旋转泄油器内径大,适用于大尺寸抽油泵。

3)注意事项

旋转泄油器必须与底部锚定装置配合方可泄油;下井过程中严禁上下接头间产生扭矩,以防泄油孔被打开。

 **考核标准**

检查项目	操作标准	分数	扣分
设计两套分层采油管柱,分别实现单层封堵、双层封堵	管柱能实现分层开采功能,易于施工,并能实现泄油功能,给出施工注意事项	30	
设计两套分层注水管柱,分别实现单层封堵、双层封堵	管柱能实现分层注水功能,易于施工,并能实现调节注水量功能,给出施工注意事项	30	
对给定的几样封隔器、泄油器,检查是否符合下井使用标准	对于不能使用的工具,找出具体问题	40	
合计		100	

任务3 常用管阀的认识

 实习目的及要求

(1)了解常用管阀的结构性能,熟悉各管阀的用途及维护保养。

(2)熟练掌握各管阀的安全使用方法。

一、准备工作

（1）穿戴好劳保用品。

（2）修井常用高压活动弯头两副、修井常用闸板阀两副、常用蝶阀两副。

（3）棉纱布若干、黄油若干、润滑油（机油）若干、钢丝刷两把、16mm 钢丝绳套两个、活动扳手两把、安全带两副。

二、常用管阀简介

1. 高压活动弯头

高压活动弯头（视频1-11）又叫长摆动多线旋转接头，它适用于各种施工液，如水泥浆、压裂液及其他具有研磨性的液体，在施工中用于地面管线要求有多转角、能摆动、耐高压的活动管汇转角处的连接。高压活动弯头主要是由接头、外体套、接头体、活接头、钢球等组成。外体套与接头体均为90°弯头，二者的连接采用了钢球铰链结构从而使弯头能够活动形成不同的转角。接头滚道内侧端面装有V形密封圈，外侧用O形密封圈，以防液体泄漏和杂质进入滚道。

视频1-11 高压活动弯头

1）保养

（1）擦净弯头外表，查看一下外表有无伤痕等缺陷。

（2）将弯头的外体套夹紧在台钳上，拆掉压盖，使钢球装卸孔朝下，在它的下面放置接收盘，以便收集钢球。

（3）转动接头体，使钢球滚出；当钢球难以取出时，可用轻质油溶解硬化的润滑脂。

（4）全部钢球滚出以后，取出接头体。接头体取出时不允许乱砸硬撬，以免损伤滚动体。

（5）用螺丝刀小心地从弯头体内取出密封圈，用柴油（或汽油）洗净全部零件。

（6）检查各零件是否严重磨损和腐蚀。检查钢球的直径，应大小一致不能失圆，否则全部更换；钢球的表面应光滑，必要时用细研磨剂抛光，不允许有凹点或严重的蚀点及磨损。检查外体套和接头体的壁厚磨损情况，其壁厚磨损应不大于规定值。

（7）组装前，擦净全部零件，在密封圈上涂一层润滑油脂装入原位。

（8）将外体套夹在台钳上，使钢球装卸孔朝上。把接头体放入外体套内，当二者接头朝上的内外滚道对正后将钢球放入，转动接头体，装够为止。装上压盖，用螺钉固定好，转动接头体时应灵活，无卡阻现象。

（9）由加油嘴注入润滑脂，并转动接头体，使润滑油脂充满滚道内腔。另一端弯头装配法与以上相同。

经检查保养后的弯头，应试压检查抗压强度和密封性，抗压强度应不小于额定工作压力的120%，达到不渗不漏，转动灵活。

2) 使用

每次施工前要检查弯头的各个部位及型号,不符合要求的不准使用。接管线时,活接头要摆正上紧。施工完后要把弯头洗(擦)净,保管好。

3) 转动不灵活的原因及排除

(1) 原因:接头内部腐蚀,滚珠被外部腐蚀性液体腐蚀后卡死,滚道内润滑脂干黏失效,外界杂质、泥砂进入阻塞滚道。

(2) 排除:定期拆卸清洗、检查并加足润滑脂,及时更换密封圈和新滚珠。

2. 活接头

活接头由优质碳素铜或合金钢制成,主要用于经常拆装的管路之间的连接。内外螺纹活接头的两端都有尺寸相配合的平式油管扣、螺纹,以便互换;外螺纹活接头的一端外面有矩(梯)形扣,一端内有与之相配的扣,上卸扣时,因扣形较粗,所以上卸方便,密封可靠。

活接头每次使用前应擦洗干净,认真检查,管线垫平。内外螺纹活接头在同一平面内方可装卸,不要用活接头拉拖管线,使之憋劲。活接头要砸紧,试压时不刺不漏。

3. 阀门

阀门的作用是在管路中控制流体的流量、压力和流动方向。阀门的分类方法很多,常用的是将其型号分为7个单元,分别是:(1) 类型代号,用汉语拼音表示;(2) 驱动方式代号,用阿拉伯数字表示;(3) 连接形式代号,用阿拉伯数字表示;(4) 结构代号,用阿拉伯数字表示;(5) 阀座密封面或衬里材料代号,用汉语拼音表示;(6) 公称压力数值直接表示,并以横线与前5个单隔开,压力单位是 MPa;(7) 阀体材料,用汉语拼音表示。

修井接地面管线常用的是高压闸门板阀、针形阀等几种。施工时对阀门的要求是:有较好的密封性;阀门开启和关闭灵活、可靠,没有严重撞击现象,工作平稳;液体流经阀时有较小的阻力损失;结构简单,工艺性能好,检修方便,有足够的强度和刚度,能满足施工的要求。

1) 闸阀

闸阀(视频1-12)是修井施工中应用较多的一种阀门,它主要由阀体、阀盖、阀杆、闸板、阀座、密封填料、操作件(如手轮、手柄等)及连接螺栓等构成。阀体和阀盖是闸阀的主体,用以装配阀杆闸板、阀座等关闭件和密封填料。阀杆上端连接手轮等操作件,下部连接闸板。转动杆带动闸板上下移动,与阀座配合,实现开关。

闸阀的优点:对流体阻力小,开关灵活;流体可双向流动;全开时关闭面受流体冲蚀小、长度短;尤其是暗杆闸阀,适用于安装位置受限制的地方。

闸阀的缺点:密封面工作时相互摩擦,易损伤;启闭时间长;不适用含悬浮物和含有结晶的介质;制造和修理较难。

(1) 使用方法。正扣阀(阀杆上的外螺纹为左旋),顺时针转动手轮阀关闭,反时针转动手轮阀开启;反扣阀(阀杆上的外螺纹为右

视频1-12 闸阀

旋),开关情况与正扣阀相反,阀的手轮上常有开关标志,操作按标志方向进行。开关阀门时用力要稳定、均匀,不能用冲击力。闸阀不能用作节流,所以开必全开,关必全关,当阀门开完后应将手轮反向回转1~2圈。开关闸阀时,人体不能正对阀杆顶部。

(2)注意事项。所用的阀门应与设计的规格、型号、公称压力、直径等相符合。闸门在安装前应经过强度试压和严密性试压。搬运和安装时,传动装置不能作起吊点,双闸板阀只能直立安装。井场存放阀门应放在干净的位置,不能沾泥、油等脏物。用前应清洗干净,确认能用时方可安装。

2)针形阀(截止阀)

针形阀多用在节流的位置,如放喷处等。针形阀的特点是耐压高,密封性好,可以微开、半开以调节流体的流量和压力。其使用方法和注意事项可参考闸阀。

4. 其他类型的阀门

1)球阀

球阀和旋塞阀是同一种类型的阀门。球阀主要由阀体、球体、密封结构和执行机构(传动装置)组成,结构简单,能迅速接通和切断通路,在地面管线中常用在放喷管线上或泵车的高压出口处。

2)蝶形阀

蝶形阀多在水泥车的低压进出口或油(水)罐车等地方使用,它是靠挡板转动不同的角度来实现开关的。使用蝶形阀时要注意阀的开启时间,以免损坏阀门。互换时,应注意连接法兰板的孔数与阀体的孔槽数相同。

5. 阀门常见故障的原因及处理方法

1)关不严

原因:介质内有杂物沉积在阀门底处;固体颗粒垫在阀芯与阀座之间;阀座和阀芯有被划伤、触伤的地方;阀杆与阀芯连接不好,阀芯与阀座偏斜,不能严密接触。

处理方法:保证介质清洁;关阀时如发现阀芯有垫塞现象,不可用力过猛,应采取迅速开关几次的方法,使垫塞物冲出来;经常给阀杆和阀杆螺母加润滑油,保证开关灵活;冲洗内部,研磨密封面;重新连接阀芯与阀座。

2)阀门打不开、关不上

原因:阀门长期关闭而锈死;填料压得过紧;阀杆与阀芯脱离或阀杆滑扣;阀杆与阀杆螺母之间有杂物或啮合不好。

处理方法:经常给阀杆与阀杆螺母加润滑油,清除杂物;对于闸板阀的阀杆和阀芯脱离或阀杆脱扣,需要更换阀杆或更换整个阀门;对于截止阀,开不到头或关不到底,也属于阀杆滑扣,应更换阀杆和阀门。

3）阀门压盖渗漏

原因：开关频繁，填料受磨损；对不经常开关的阀门，阀门填料变硬，阀杆转动产生间隙。

处理方法：更换填料，将螺母用扳手拆下来，用螺丝刀把填料压盖撬出来，把旧填料清理出来，缠上3~4圈浸过油的石棉绳，再将压盖放好，拧紧螺母；对不经常开关的阀门，可先松螺母，反复活动，然后再拧紧，如仍不见效，说明填料已失去弹性，应更换填料；对带法兰的压盖，由于漏介质，可用扳手均匀上紧左右两个螺栓，如不见效，更换密封装置，先松开两个螺母，取下法兰，然后换上新的石墨、石棉绳之后均匀上紧法兰。

考核标准

检查项目	操作标准	分数	扣分
准确识别管阀	教师布置任意任务，由学生挑选合适工具完成任务	30	
操作步骤	操作步骤正确完整	70	
合计		100	

项目四　常用设施认识

任务1　油管和抽油杆

实习目的及要求

(1)认识油管和抽油杆,掌握油管和抽油杆的摆放、丈量及累计长度计算。
(2)学会以合适的方式维护、管理油管和抽油杆。

一、油管的摆放与丈量

1.准备工作

10m长钢卷尺1个,计算器1个,笔、油管丈量记录纸若干,油管若干根,油管桥座若干个。

2.油管桥座

油管桥座使用3根短油管焊接而成,每根油管至少使用4个油管桥座架起。油管在油管桥座上以10根一组摆放整齐,接箍朝向井口,油管悬空端长度不得大于1.5m,油管距地面高度不得小于0.3m,油管桥座上油管的摆放如图1-13所示。

3.摆放与丈量

(1)平整井场,摆放油管桥座。油管桥座以3个为一组搭成,每组间距3.0~3.5m。

图1-13 油管桥座上油管摆放示意图

(2)将油管每10根一组整齐地摆在油管桥座上。每组第10根油管的接箍要突出来以利于清点。如果摆放的油管数量较多,需要摆放两层以上,层与层之间用3根油管隔开。

(3)按油管的下井顺序,使用钢卷尺依次丈量每根油管的长度。丈量油管时,一人将钢卷尺零刻度对准油管接箍端面,另一人拉直钢卷尺至油管外螺纹1~2扣处并读出油管长度,第三人将油管长度记录在油管记录纸上。

(4)每根油管丈量3次,读数要准确。丈量好的油管,按每10根一组分别依次累计出每10根油管的长度。

(5)按每10根油管一组的顺序依次累计各组油管长度,在油管记录纸上标出各组油管的累计长度。

4.技术要求

(1)场地必须平整;油管桥座摆放间距恰当、合理,便于操作;油管摆放整齐,且两端都不得拖地,中间不向下弯曲。

(2)钢卷尺刻度必须清楚。

(3)丈量时钢卷尺要拉直拉紧,每丈量一次换人读数,累计复核误差每1000m小于0.3m。

(4)操作人员要穿戴好劳保用品,摆放、丈量油管时相互配合,保证安全。

二、抽油杆的摆放与丈量

1.准备工作

10m长钢卷尺1个,计算器1个,圆珠笔1支,抽油杆记录纸若干张,抽油杆若干根,油管、油管桥座若干个。

2.抽油杆桥

抽油杆桥用3根油管搭成,每根抽油杆至少使用4个抽油杆桥架起。抽油杆在抽油杆桥上每10根一组排放整齐,抽油杆悬空端长度不得大于1.0m,抽油杆距地面高度不得小于0.5m。

3.摆放与丈量

(1)平整井场后,摆放抽油杆桥。抽油杆桥使用4个为一组搭成,每组间距2.2~2.5m。

(2)将抽油杆每10根一组整齐地摆放在抽油杆桥上。每组第10根抽油杆突出约一根接箍的长度。如果摆放的抽油杆数量较多,要摆放两层以上,层与层之间用4根油管隔开。

(3)按抽油杆的下井顺序,使用钢卷尺依次丈量每根抽油杆的长度。丈量抽油杆时,一人将钢卷尺零刻度对准抽油杆接箍的端面,另一人拉直钢卷尺至抽油杆丝扣端台肩处并读出抽油杆长度,第三人将油管长度记录在抽油杆记录纸上。

(4)每根抽油杆丈量3次,读数要准确。丈量好的抽油杆,按每10根一组分别依次累计出每10根抽油杆的长度。

(5)按每10根抽油杆一组的顺序依次累计各组抽油杆长度,在抽油杆记录纸上标出各组抽油杆的累计长度。

4. 技术要求

(1)场地必须平整;抽油杆桥摆放间距恰当、合理,便于操作;抽油杆摆放整齐,且两端都不得拖地,中间不向下弯曲。

(2)钢卷尺刻度必须清楚。

(3)丈量抽油杆时,钢卷尺要拉直拉紧,每丈量一次换人读数,累计复核误差每1000m小于0.2m。

(4)操作人员要穿戴好劳保用品,摆放、丈量抽油杆时,要相互配合,保证安全生产。

三、油管、抽油杆的维护与保养

(1)井中起出的油管、抽油杆应逐根检查,若有弯曲、变形、缩径、磨损、腐蚀、严重结垢、裂缝、孔洞、砂眼、螺纹损坏者,不得再下井使用。

(2)下井油管、抽油杆要清洗干净,油管要用通管规通过(ϕ73mm 普通油管使用 ϕ59mm×800mm 内径规通油管,ϕ89mm 油管使用 ϕ73mm×800mm 内径规通油管)。

(3)油管螺纹、抽油杆螺纹和接触端面必须清洁,下井前要涂抹螺纹密封脂。

(4)油管、抽油杆被吊起或放下的过程中,外螺纹应有保护装置,避免损坏螺纹。

(5)下井时油管、抽油杆螺纹必须上正、上满、旋紧。使用液压钳进行下钻操作时应使用对扣器,人工先用管钳上2~3扣后再用液压钳上扣。油管推荐上扣扭矩见表1-4。

表1-4 油管推荐上扣扭矩表

外径 mm	内径 mm	钢级	上扣力矩,N·m					
			非加厚			加厚		
			最佳	最小	最大	最佳	最小	最大
60.3	50.3	J-55	1000	750	1250	1800	1350	2250
		N-80	1400	1050	1750	2500	1850	3100
73.02	62.0	J-55	1450	1100	1800	2300	1700	2850
		N-80	2050	1500	2550	3200	2400	4000
88.9	76.0	J-55	2050	1500	2550	3150	2350	3950
		N-80	2850	2150	3600	4450	3300	5550
101.6	88.6	J-55	1700	1300	2150	3550	2650	4450
		N-80	2400	1800	3000	6300	4750	7900

考核标准

检查项目	操作标准	分数	扣分
3人配合,分别丈量一组油管、一组抽油杆的长度	丈量3次,逐根记录在纸上,每10根计算一次累计长度,误差每1000m小于0.2m	60	
清洁油管、抽油杆螺纹并涂抹螺纹密封脂	螺纹清洁无杂物,密封脂涂抹均匀	40	
合计		100	

任务2 作业机

实习目的及要求

(1)认识通井机,掌握通井机的结构、用途和操作要求。
(2)认识修井机,掌握修井机的结构、用途和操作要求。

一、通井机

1. 结构

通井机分为轮胎式通井机和履带式通井机两种类型,现在常用后者。履带式通井机是由履带式自走型拖拉机经改装添加滚筒而成(图1-14),主要由大梁(车架)、行走机构、发动机、滚筒及刹车机构、操作室、液压系统、气压系统等构成。它利用发动机带动绞车滚筒转动,通过钢丝绳把动力传递给提升系统。常用的通井机有 AT-10、XT 系列、TJL 系列。

图1-14 履带式通井机

2. 特点

履带式通井机一般不配井架,结构简单,容易操作,越野性能好,适用于低洼、泥泞地带施工。其缺点是行走速度慢;在公路上行驶时需保护路面不被轧坏;由于装机功率小,不适用于大修作业。

3. 用途

通井机是修井作业的动力来源,主要用于起下油管、抽油杆、钻杆等。

4. 驾驶安全规程

(1)通井机必须由经过训练合格的专职驾驶员驾驶。
(2)不得使用有故障且未经排除的通井机进行作业。
(3)通井机在行驶中,随车人员不得翻倚在门上或站在翼板上,不准在未停稳时上、下通井机。
(4)通井机在运动时,不得加油、水或进行调整工作。
(5)通过桥梁、涵洞时,应低挡行驶,禁止通过承载能力小于15t的桥梁。

5. 操作要求

(1)通井机要摆正停放,正常工作时距井架2~4m,加压起下时距井架5~7m。
(2)操作前,行驶排挡和换向杆放在空挡位置,将手刹车和脚刹车刹好。
(3)滚筒传动及链条连接部分应完整牢固,操作时先挂滚筒变速箱正倒挡,后挂排挡。
(4)起钻时,应先挂排挡,后合总离合器,再合滚筒离合器,同时松开刹车,不准先挂离合器后松刹车。
(5)下钻时,应用刹车控制速度,严禁猛刹猛放,不准用滚筒离合器当刹车。
(6)操作时,应耳听引擎声,眼看井口,手握刹把和离合器,平稳操作,预防顿、刮、碰现象。
(7)滚筒停止操作时,各排挡应放在空挡位置;人离开刹把时,应打好死刹车;滚筒运转时,禁止用死刹车代替手刹车。

二、修井机

1. 结构

修井机是一种轮胎式自带井架的修井设备,主要由动力驱动设备、传动系统设备、行走系统设备、起升系统设备和控制系统设备等组成,如图1-15所示。常用的修井机有XJ250型、XJ350型、XJ450型、XJ550型、XJ650型等。

动力驱动设备为修井机的各工作机(行走底盘、绞车、转盘、液压油泵等)提供动力,主要由柴油机、油箱、管线等组成。传动系统设备用于连接柴油机与绞车、转盘等工作机,它将柴油机的功率和转速传递、分配给各工作机,同时承担变换速度的任务,主要由变速箱、分动箱、传动轴、齿轮、链条等组成。行走系统设备是保证修井机搬迁、移动的运动设备,主要由行走底盘、

图 1-15 修井机

驱动轮、转向机构、行走系统刹车和驾驶室等组成。起升系统设备是进行正常起下管柱、钻具和完成其他提升作业的设备,主要由绞车、井架、游动系统、绞车刹车、井口工具(吊环、吊卡、卡瓦)等组成。控制系统用于控制和操纵各工作机按指令完成规定的动作和准确工作,主要由司钻操作台、驾驶室和各种操作手柄、踏板、开关、按钮、仪表、阀件、管线等组成。

2. 特点

修井机行走方便,安装简单,适应于快速搬迁施工作业及井场、道路状况较好的地区。

3. 用途

修井机可用于起下油管、抽油杆、小直径钻杆,旋转井下管杆柱,冲洗井底等井下作业,也可用于处理卡钻、修复套管等井下事故。

4. 驾驶安全规程

(1)修井机必须由经过训练合格的专职驾驶员驾驶。

(2)使用前检查轮胎气压是否合适,轮辋螺母及其主要连接部件是否松动。

(3)修井机起动前,应将各变速杆、液路换向阀操纵杆均置于中间位置,拉紧手制动拉杆,电锁处于打开位置,踏下油门,转动起动开关(或按起动按钮)即可起动。发动机开始工作后,立即松开起动按钮。

(4)开始行驶时,如遇前轮打滑,将后桥操纵杆置于结合位置,即可实现四轮驱动状态。脱离前桥驱动打滑的环境后,应马上脱开后桥。

5. 操作要求

(1)确定好修井车位置,修井车支腿必须夯实垫平。

(2)操作前,检查各部位润滑油油量。

(3)修井机链条、滚筒、绞箱护罩应齐全完好,各固定螺栓应齐全紧固。

(4)起钻时,把滚筒离合器操纵手柄向上推动约10°,离合器充分结合,同时松开刹车,滚筒开始转动,把离合器操纵手柄再继续向上推动,控制油门大小,以得到合适的转速和扭矩。

(5)停止起钻时,把滚筒离合器操纵手柄放到中间,同时操纵刹把刹死滚筒。如果较长时间停钻或钻工离开操作台时,要将刹把锁住,把所有控制阀操纵手柄扳到空挡位置。

(6)下钻时,在停止起钻后,松开刹车,用刹车控制速度,要采用慢、快、慢的方法,严防顿钻。

(7)操作时,下放重物在大钩负荷超过15t或下钻深度在700m以下时,为了工作安全和减轻刹车鼓磨损,要使用辅助刹车。

**考核标准**

检查项目	操作标准	分数	扣分
通井机认识	了解通井机的结构组成,熟悉通井机的用途、特点、操作要求等	50	
修井机认识	掌握修井机的结构组成,熟悉修井机的特点、用途、操作要求等	50	
合计		100	

项目五　挽绳套、卡绳卡

实习目的及要求

(1)熟练掌握现场常用的几种绳索挽绳套的方法。
(2)熟练掌握钢丝绳卡绳卡的方法。

一、工具准备

一定数量的细麻绳($\frac{1}{2}$in 左右),管子(1in 左右)若干,钢丝绳卡若干。

二、挽绳套操作方法

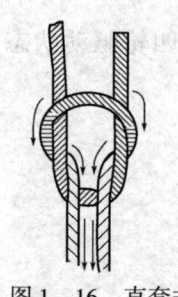

图 1-16　直套式绳结

石油矿场上经常出现设备、管材及各种重物的吊升、搬迁等工作,为保证安全、顺利地作业,就必须对设备、管材等用绳索固定牢靠,防止重物在吊升、运移过程中从空中滑脱而造成事故,因此,就需要对固定式吊升的绳索结扣。结扣的方法、种类较多,现就目前石油矿场常用的几种绳索结扣法进行介绍并训练,达到熟练挽结每种绳扣的目的。

1. 直套式绳结

直套式绳结如图 1-16 所示。结扣方法:(1)将一根绳索弯成 U 形;

(2)将另一根绳索同样弯成倒 U 形,开口必须与前者相反,然后将第二根倒 U 形绳压于第一根 U 形绳的两边,并从后向前穿插拉出,即可将二绳连接构成直套式绳结。

注意事项:此种接法一般用于绳套和绳之间的连接,或者一根较长的绳和一根较短的绳相连接,若两根绳索均较长,采用此法结扣不方便。

2. 死扣式绳结

死扣式绳结如图 1-17 所示。结扣方法:(1)将被套物件平放于垫杠上,离地 50cm;(2)绳头从前往后绕过被套物件,再从上往下压过本绳后又从前往后绕过被套物件,将绳头从绳与被套物之间穿插拉出,即构成死扣式绳结。

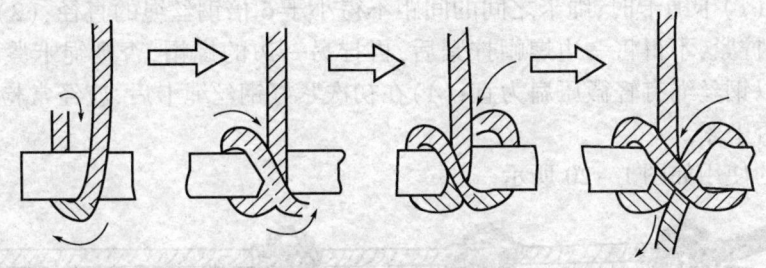

图 1-17 死扣式绳结

注意事项:绕过被套物件后,必须保证在绳扣结好之后绳头余长不得少于 30cm。

3. 套扣式绳结

套扣式绳结如图 1-18 所示。结扣方法:(1)将被套物件平放于垫杠上,离地面 50cm;(2)将绳套绕过被套物件,然后将绳套一端从绳套另一端中间穿插拉出即构成套扣式绳结。

注意事项:打绳结前,应检查绳套套扣连接是否牢靠,避免工作中由于绳结扣不牢而脱开发生事故;绳结打好后,应保证吊钩钩身能顺利地穿过并钩住绳套;为防止绳套脱出吊钩钩身,应用细铁丝将钩口锁住。

4. 套钩用绳结

套钩用绳结如图 1-19 所示。结扣方法:(1)将一带钩小滑车固定于支架上,要求滑车距地面 2m;(2)将绳索从钩身后向前绕过钩身,并将绳索两边从钩口内交叉后向下拉紧即可。

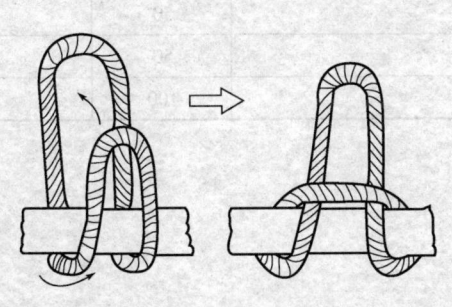

图 1-18 套扣式绳结

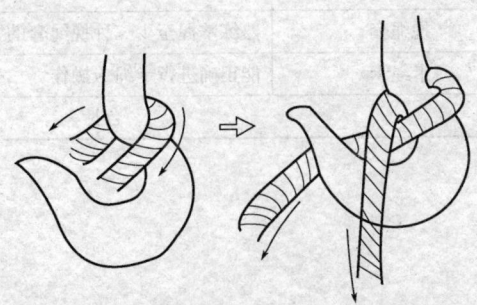

图 1-19 套钩用绳结

注意事项：绳索交叉拉紧后，一定要分居于钩身两侧，不得将钩子置身于交叉绳外；否则，在吊升重物时，绳套因某些原因容易从钩口脱出。

三、卡绳卡操作方法

（1）首先根据钢丝绳的规格选用合适的绳卡规格及数量。

（2）将钢丝绳一端弯成U形或绕过某一固定物件后，使钢丝绳活端紧靠钢丝绳死端，此时应另外由人扶持，以保证钢丝绳不伸张。

（3）卡绳卡。卡绳卡时，卡子面对着钢丝绳活端，而U形螺栓对着死端绳，在绳卡U形螺栓的螺纹上滴几滴机油，再上螺帽，即可使钢丝绳卡上得最紧。

注意事项：(1)卡绳卡时，绳卡之间的间距不得小于6倍钢丝绳的直径；(2)用扳手紧绳卡螺帽时，应对称拧紧，不得将一边螺帽拧紧后，再拧另一边的螺帽，否则绳卡紧固不牢；(3)绳卡上紧程度应以钢丝绳有轻微压扁为宜；(4)在初次紧好钢丝绳卡后，应经常检查绳卡U形螺栓上的螺帽是否上紧。

钢丝绳卡的使用如图1-20所示。

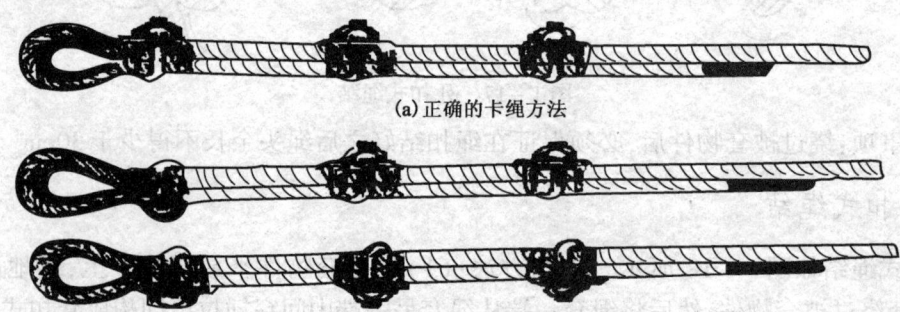

(a) 正确的卡绳方法

(b) 错误的卡绳方法

图1-20　钢丝绳卡的正确使用

 **考核标准**

检查项目	操作标准	分数	扣分
挽绳套	熟练掌握至少三种挽绳套的方法	50	
卡绳卡	能正确进行卡绳卡操作	50	
合计		100	

情境二 施工准备

井下作业施工是多工种多设备联合作业的大型施工,只有做好大量的准备工作后,才能按期开工。施工准备在井下作业施工中具有重要的意义,施工准备的质量会直接关系到整体作业质量和施工效果。井下作业施工准备主要包括作业设计、井场调查搬迁、井场布置、井架安装、穿大绳、校正井架、摆挂驴头、安装井口控制装置、连接地面管线等。学生通过本情境的学习,充分认识施工准备的重要性,了解各准备工作的要求,掌握井场布置、穿大绳、校正井架、摆挂驴头、安装井口控制装置、连接地面管线的方法。

项目一 作业设计认识

实习目的及要求

(1)了解作业设计书中涉及的专业术语。
(2)能够看懂作业设计书。

一、作业设计分类

作业设计是根据油田开发的要求来编制的。编制作业设计前要充分了解施工井的井况、地下油层的物性及现有的工艺条件,优化工艺技术参数,选择最佳施工方案,以提高作业施工的科学性,求得最佳施工效果和较好的经济效益。作业设计是指导作业施工的纲领性文件,是施工过程中应遵守的规定和原则。每项井下作业施工都应有地质方案设计、工艺设计和施工设计,有些比较简单的维护作业施工项目的工艺设计,可以直接代替施工设计用来指导现场施工。

1. 地质方案设计

地质方案设计是根据油田开发需要,结合油田综合调整方案要求,针对油水井油藏地质因素而编制的。它由发包方地质专业部门编制,主要包括以下内容:
(1)油田名称,井号,井别;
(2)原因分析,施工项目,施工目的,效果预测;
(3)基础数据;
(4)生产数据;
(5)地质要求。

2. 工艺设计

工艺设计是根据不同的施工项目,优化施工工艺,计算施工参数,合理选择施工材料、设备

和工具,以保证地质方案设计的顺利实施。它由发包方工艺技术部门或委托第三方编制,主要包括以下内容:

(1)油田名称,井号,井别;
(2)施工项目,施工目的,施工层段;
(3)基础数据;
(4)生产数据;
(5)施工工艺和施工技术参数;
(6)井下管柱结构和地面设备;
(7)施工要求及安全措施。

3. 施工设计

施工设计是根据地质方案设计和工艺设计的要求而编制的,用来合理确定施工步骤,保证达到施工目的。它是由承包方负责编制的,主要有以下内容:

(1)油田名称,井号,井别;
(2)施工项目,施工目的,施工层段;
(3)基础数据;
(4)生产数据;
(5)施工准备;
(6)施工步骤;
(7)施工要求和安全注意事项。

4. 作业设计编写要求

(1)作业设计的封面应有统一格式,应注明油田名称、井号、井别、编写人、审核人、审批人、编写单位和日期。

(2)应提供明确的施工目的。

(3)基础数据应包括开钻和完钻时间、套管规范及不同壁厚下入深度、完钻深度、人工井底深度、水泥返高、试压情况、套补距、四通高度、采油(气)树型号、井下管(杆)柱结构、下井工具规范及深度(附管柱图)、射孔日期、射孔井段、射孔层位、射开厚度、射孔枪型、射孔密度、发射率、压井液名称、压井液密度、压井液浸泡油层时间、原始地层压力以及其他必要的施工数据。

(4)生产数据应包括生产方式、油嘴规范、油压、套压、日产液量、日产油量、油气比、含水率、静压、流压、冲程、冲次、注水井的注水方式、注水压力、日注水量,如本次施工涉及某个层位或井段,还应写明层号或井段深度、小层射开厚度、有效厚度、夹层厚度和深度、套管接箍深度;若涉及管外固井质量的施工,还要提供固井质量检查测井曲线。

(5)施工准备要明确本次施工所采用的施工设备,材料和下井工具的规范、型号、数量、技术要求等。

(6)施工步骤应详细写明施工工序的顺序和质量要求,对施工的各项参数要给出明确的数值。需要现场计算的数据,要给出计算公式;需要现场配制的下井材料,要给出配制方法和质量要求；对于下井管柱要附有管柱图，并注明下井工具的型号、规范和下井深度，特殊的下井工具要注明注意事项和使用方法。

（7）对于容易发生故障的施工工序，要提出具体的施工措施，提出需要准备的安全设施和用具。对于易燃、易爆、有毒和对环境有污染的施工材料，要提出具体的防范和处理措施，保证按 HSE 的要求施工。

二、作业设计实例

地质方案设计实例见附录 1；采油工艺设计实例见附录 2；施工设计实例见附录 3。

三、注意事项

（1）作业设计应由有资质的设计单位编写，无作业设计不允许施工。
（2）作业设计应履行审批手续，有设计人、初审人、审批人签字。
（3）作业设计变更应编写补充设计，并履行审批手续。
（4）应了解施工井的地质方案设计、工艺设计和施工设计的内容及总体要求。
（5）发现设计有缺陷时，应向设计审批单位提出。

 **考核标准**

检查项目	操作标准	分数	扣分
专业术语的考查	描述准确清晰	30	
作业设计认识	了解施工井的地质方案设计、工艺设计和施工设计的内容及总体要求	70	
合计		100	

项目二 搬　　迁

 实习目的及要求

（1）熟悉搬迁的准备工作。
（2）了解物资吊运的要求。

一、准备工作

1. 搬迁前的井场调查

承包方在接到施工井设计和施工井通知单后，应进行井场调查，主要了解井场的地理位置和施工条件，以便做好各种施工准备。井场调查应在施工一周前进行，在搬迁施工设备的前一天再到施工井场勘察一次,以免发生临时变故影响正常施工。在井场调查结束后,根据作业设计要求,将井下作业施工设备、工具、材料安全地搬迁到施工井场,按井场施工条件摆放设备,既要有利于施工作业的顺利进行,还要做到安全生产。

1) 井位

(1) 对照井位图调查施工井的地理位置。

(2) 对照井位图和地质开发方案核实井号。

(3) 调查施工井所归属的单位,并由所属单位确认。

2) 地面道路

(1) 调查通往井场的道路状况、运输距离。

(2) 调查沿途道路障碍物、输电线路、通信线路的情况。

(3) 调查沿途经过的桥梁、涵洞承载能力。

(4) 调查桥涵的宽度、允许的拖挂长度。

3) 井场

(1) 调查井场可供井下作业施工使用的有效面积。

(2) 调查井场可供立放井架、摆放油管、抽油杆、工具台、值班房、锅炉房、油水容器和停放车辆的位置能否满足施工要求。

(3) 调查井场是否有妨碍立放井架和作业施工的输电线路、通信线路及其他障碍物。

(4) 调查井场土壤状况能否满足地锚承载安全要求。

(5) 调查井场周围 $2500m^2$ 以内有无易燃易爆的危险品,以及有无怕震动、怕噪声的民用设施。

4) 供电电源

(1) 调查可向井场供电的电源电压和供电距离。

(2) 调查电源接线方式,需要上杆接线时,应查清电线杆类型、高度、变压器情况等。

5) 采油树

(1) 调查采油树的型号及完好情况。

(2) 调查井口装置能否与不压井作业施工装置配套,及所需要的连接工具。

6) 地面流程

(1) 调查油、水、气井所隶属的计量间、配水间或集气站。

(2) 调查流程的类型、冬季施工时有无冻管线的危险及应采取的必要措施。

7) 井场设备及装置

(1) 调查井口房类型,确定能否整体吊装或移动。

(2) 调查抽油机型号、冲程、冲次、安装方位、驴头的拆装方式及手刹车的完好情况。

(3) 调查油气分离器、加热炉、点滴加药装置、配电计量装置等是否有碍于井下作业施工。

2. 交接井

交接井分为两种情况：一是采油队与作业队交接；二是试油队与钻井队交接。

采油队与作业队交接井的过程为：确认井场、道路没问题后，作业队即可与采油队（站）联系，按双方的实际情况确定作业队搬迁时间、交接井时间及停产时间、停注时间等。交接井由责任双方派人参加，就井和井场的现状进行交接，以便分清责任。交接井时要由双方签订油（水）井交接书，一式两份，双方各保管一份。各油田的实际情况不同，交接书的主要内容应包括：

（1）采油树完好情况、密封情况；
（2）地面流程和地面设备的情况；
（3）井的现状、管柱结构及其他。

交接时，要求参加交接井的人员要认真履行职责，一丝不苟地填写每项内容，尤其是对井场状况、采油树、地面流程、地面设备的数量和质量及零配件齐全情况进行认真检查、描述和记录，需作业队更换的部件要记清。对井的生产状况也应进行描述，以便对比修井效果。

试油队与钻井队或其他相关单位的交接应从如下几个方面进行：

（1）井场。要求地面平整，做到工完料清场地净；以井口为中心左15m、右20m、前35m、后15m范围内必须平整、无积水、无油污。
（2）井况。要求井不坍塌、不斜、不漏，油层套管的最上一个接箍下缘与地面平齐（用套管头时，转换法兰面不得过高），井口要上好套管帽，用链板或其他材料焊牢，标明井口。
（3）钻井资料，包括井身结构、井身质量、固井质量、目的层等有关数据和井史资料。

3. 定计划、做准备

作业队的施工人员搬迁前应仔细阅读施工任务书，做到心中有数，并根据施工的要求确定所需工具、设备、材料，然后定出搬迁计划报给调度。搬迁计划内容如下：

（1）搬运物资的时间、地点，注明井号。
（2）搬运线路、距离。
（3）用车的数量、车型等。

搬迁前，作业队要把所有工具、用具、设备、容器刷洗干净（装液体的容器要排空），调试好，放在可进车、可吊装的地方；对值班房内的化验器材和其他易碎物品收集、整理好，所有物品要捆牢、系好，值班房内的门窗关好捆牢；准备好绳套、系绳、撬杠等。

二、物资的吊运要求

1. 吊装的要求

（1）吊装物品时，要有专人指挥；所有人员要注意安全，吊臂运行范围内和被吊物上不许站人。
（2）在井场按先井口后周围的次序吊装。

(3)吊重物的绳子必须符合安全要求;用两根绳子同时吊重物时,两绳应一样长。

(4)吊钩要挂牢,扶重物就位的人员应注意安全,必要时要栓扶绳。

(5)装车要平稳,不准猛蹾猛放,操作人员没有摘、挂好绳套不得离开危险区,不准与吊车司机打手势,保证生产安全,杜绝事故发生。

2.运输的要求

车装好后应捆绑牢固,不许超高、超宽,如确需超高、超宽时要在车上做明显的、符合交通管理的标志。行车时应有人跟车,发现问题及时纠正、调整,注意行车安全。井场卸车要按先井口后周围的次序。

运到井场的油管、泵、抽油杆和其他下井工具要专车运送,轻装轻卸,出库要有合格证。交接要有人验收签字,送到井场各就其位,不许沾油、沾泥、落地,要保证满足下井使用技术性能要求。油管、抽油杆卸车时必须接箍朝向井口,排放上桥。其他物资按井场布置的要求摆放。

三、注意事项

(1)将施工所用的动力设备、游动系统设备、井口控制装置、各种容器等进行拆卸,便于搬迁。

(2)用专用绳套挂牢被吊重物,吊杆下不允许站人,经专人指挥,缓慢把施工设备吊装到专用运输车辆上,并用钢丝绳或棕绳捆紧绑牢。

(3)超高、超宽的设备在运输途中要注意观察,车上要设有超高、超宽的标志,防止刮碰路上设施。

(4)油管、抽油杆、钻杆和方钻杆的外螺纹端要有护丝,平整地放置在专用的运输车辆上,装车和卸车时都要轻装轻放,以免弯曲变形。

(5)锅炉在搬迁前要放水放压,不允许带压搬迁,以免搬迁过程中发生意外事放;冬季搬迁前,锅炉、钻井泵和有水汽管线的设备都要放水放压,以免在搬迁途中冻坏设备和管线。

(6)履带式通井机、推土机和拖拉机在拖车司机的指挥下缓慢开上拖车,刹车后打好固定掩木;长途运输时要用钢丝绳把待运设备固定在拖板上。

考核标准

检查项目	操作标准	分数	扣分
搬迁的准备工作	描述准确清晰	50	
物资吊运的基本方法	描述准确清晰	50	
合计		100	

项目三 井 场 布 置

实习目的及要求

(1) 能够根据具体作业井场面积进行井场布置。
(2) 掌握搭油管桥和抽油杆桥的具体要求。

一、作业井场的面积及道路要求

一般的作业井场面积不小于 3600m²(方形为 60m×60m；长方形为 70m×52m)，以保证立井架摆放设备及各种车辆进出井场的有效空间和排放废液。作业队有生活设施(包括工人的住房、伙房等)时，作业井场面积不应超过 5000m²，生活区不应超过 2500m²(包括所有的生活设施)。有条件的生活区应离井场 100m 以上。特大型的压裂酸化和大修井，井场面积也不宜超过 4000m²。若井场受条件限制不能满足以上要求，要充分利用每一寸土地，但必须保证施工车辆的进出和物资的摆放位置。

进井场的道路通常要求宽 6~8m。各种上井的车辆要按指定路线行驶，一口井不能走多条路。

二、井场布置原则及要求

修井施工常用的大件设备有作业机、井架、值班房、工具房、发电房等，容器有罐、池子(个数的多少根据施工而定)。这些设备容器运到井场后，要按施工的要求进行摆放。根据经验，作业井场可按下列原则进行布置：

(1) 根据自然环境、风向、修井工艺要求及井场实际，合理布局，方便施工。
(2) 井场布置方向应考虑风频、风向。
(3) 满足防喷、防爆、防火、防毒、防冻、防洪、防汛等安全要求。
(4) 有环境保护设施，防止环境污染。

具体的布置要求如下：

(1) 施工设备和设施要做到平稳就位，摆放整齐，符合安全规定，便于施工操作。
(2) 值班房、锅炉房、工具房、发电机要距井口侧风头 30m 以上。锅炉房与值班房应分开放置，其距离应大于 4m。在气井和高压井施工时，值班房、锅炉房、发电机应距井口 1000m 以上。在特殊情况下不能达到上述条件时，应有具体的安全防范措施，并经安全监督验收。
(3) 各种容器就位在距井口 30m 以外便于车辆通行处，并做到水平放置排列成行。井场受限时，尽可能远离井口。操作台、游动滑车、井口控制装置等吊放在距井口 3m 处。
(4) 油管桥和抽油杆桥分别搭在井口前方左、右，各呈 10m×10m 的正方形，特殊情况下可其中一桥(通常为抽油杆桥)搭在侧面，但桥搭得必须符合要求。两个桥的前面和两侧不要摆放任何东西，以防刷洗油管、抽油杆时将原油喷在上面。油管、抽油杆、方钻杆卸在油管桥两侧，接箍朝向井口。

(5) 履带式作业机停放在井架的正后方,其尾部距离井架基础中心线 3~5m,并摆平。

(6) 井场应有醒目的安全警示标志,如必须戴安全帽、禁止烟火、上井架必须系安全带、当心触电、防机械伤人等。

按照要求,常规作业的井场布置如图 2-1 所示。在井场不符合条件时,可按实际情况另行布置。

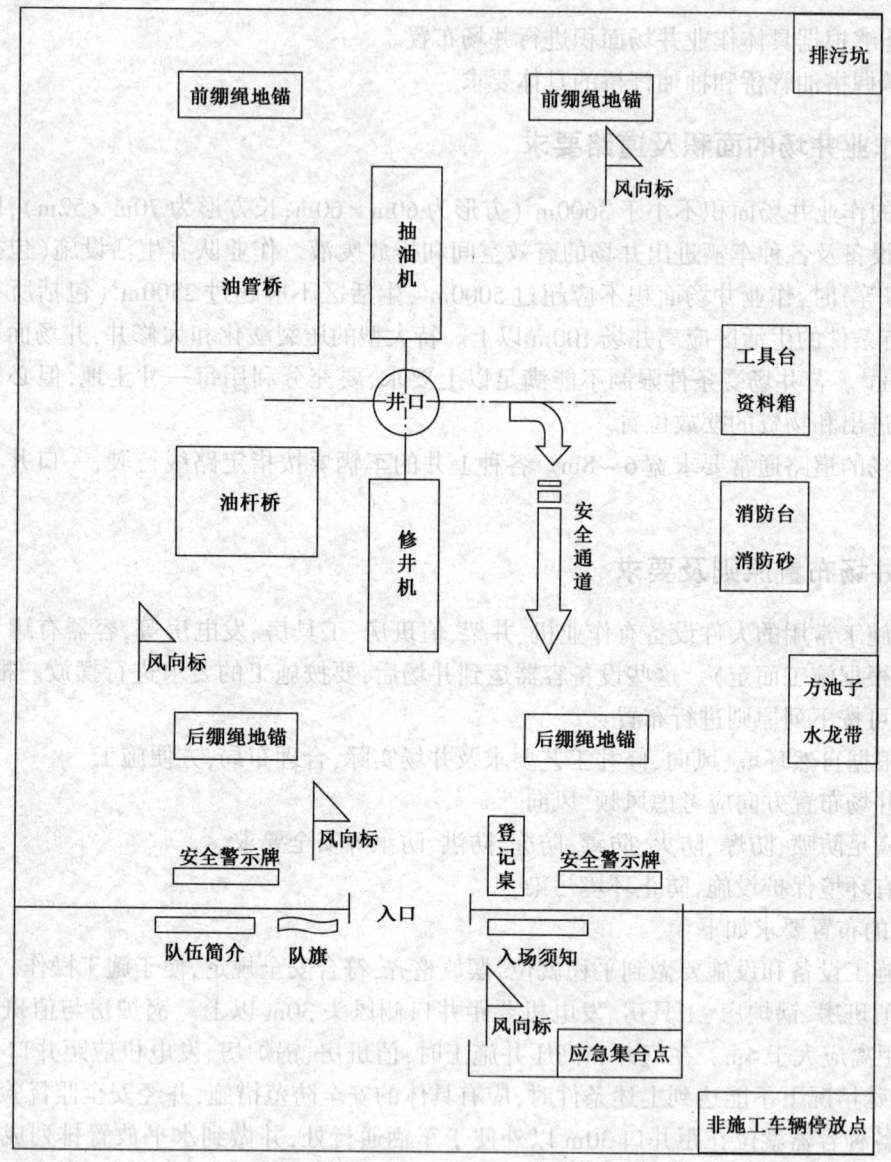

图 2-1 常规作业的井场布置平面示意图

三、搭油管桥和抽油杆桥

靠油管桥和抽油杆桥能将油管或抽油杆架高,便于清洗、丈量、检查和起下,还能保持油管、抽油杆的清洁,防止泥沙、水和有腐蚀性液体的浸入。

油管式抽油杆桥是由支座、油管组成的,现各油田所用的支座的形式有多种,其结构都不相同,但不管什么样的支座,都应满足如下要求:高0.5m、结实、稳当、与地面有一定的接触面积。

搭桥时,先确定好位置,将地面整平、夯实,然后放上支座,需油管时再搭上油管,最后找平。具体要求是:全桥不少于3道,每道不少于4个支座(或支撑点);整个桥面要平,吃重后不能下陷。当一层排放不下时,可在上面加3道油管,并将其固定好,再排放。

考核标准

检查项目	操作标准	分数	扣分
作业井场布置的原则及要求	描述清晰准确	20	
常规作业井场的布置	能看懂井场布置图,并按照布置图进行井场布置	30	
搭油管桥和抽油杆桥	能按照要求搭油管桥和抽油杆桥	50	
合计		100	

项目四 井架安装

实习目的及要求

(1)掌握通井机井架的安装。
(2)掌握修井机井架的安装。

一、通井机井架的安装

典型的通井机井架为BJ-18型井架,是一种两腿式固定井架,将其按97°的标准立起后,支脚底座面到井架顶面的垂直高度为18m,井架总质量为3.6t。BJ-18型井架示意图如图2-2所示。

1. 井架组成

1)本体

本体是井架的主体,吊升管柱和其他重物时都靠其支撑。
安装井架时,对本体的质量要求为:
(1)井架平整坚固,无明显鸡胸、驼背等变形。
(2)连接部位的螺栓紧固,护圈、梯子等部件齐全、干净、完好。天车刷红色防锈漆,本体刷灰色防锈漆。

2)井架支座

井架支座是井架的底部,所起的作用是连接井架与底座。

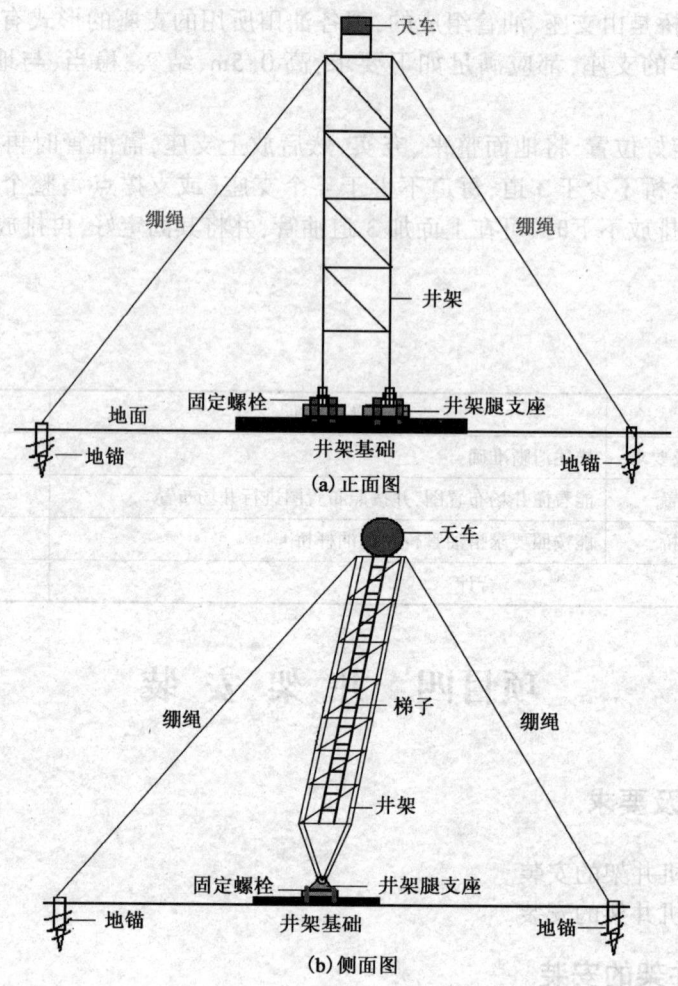

图 2-2　BJ-18 型井架示意图

BJ-18 型井架支座的跨距为 1.53m，支脚孔径为 66mm。支脚座在井架立起后，其中心到井口中心的水平距离为 1.8m。井架在使用前要认真检查支脚座、支脚销、地脚螺栓，它们不能有任何缺陷。

3）天车

天车包括天车滑轮、护圈、顶架、连接螺栓等部件，天车滑轮与游车、钢丝绳组成游动系统。当天车符合下列要求时，方能使用：

(1) 天车型号必须与井架配套。
(2) 连接牢固，黄油嘴齐全、完好，轮缘无破损。
(3) 滑轮运转灵活，润滑良好，无异响，清洁无泥土、无油污。
(4) 护栏、护圈齐全、牢固，无断裂、开焊现象，护栏高不能低于 1m。

4）绷绳

此部分包括绷绳、绳卡、法兰螺栓。

BJ-18型井架前后共6道绷绳。井架受力后,绷绳能保证其不翻倒,各道绷绳在井架上的安装位置到井架顶板距离分别为:后第一道0.5m,后第二道3.0m,前第一道0.5m。为使用和调整方便,BJ-18型井架的绷绳常为24~36m。装卡绷绳时,它的长短要适宜,若过长,弹性系数增加,井架易晃动、摇摆,重负荷时会因重心不稳增加起下钻时动力设备负荷,井口易产生挂碰现象,严重时会因井架摇摆而使本体折断或倾倒;若过短,绷绳的角度和着力点发生变化,地锚易被拉出,所以在装卡绷绳和立井架选择地锚坑时一定要按要求去做。

安装井架时,绷绳必须满足下列要求:

(1)所用钢丝绳不老化,无严重锈蚀,无断股,每一捻距内断丝不能超过12根。
(2)卡好绳卡后,尾部余绳不应少于1m,尾绳盘好、捆牢,不能落地。
(3)绷绳预紧力要调整到标准拉力,每道绷绳的松紧度应相同,用力均衡。
(4)正常作业用6道绷绳(前2道,后4道),处理事故或大修作业时必须用8~10道(前4道,后4~6道)。
(5)每道绷绳必须分别系在单个地锚桩上,不允许一个地锚桩系两个或两个以上绷绳。
(6)绷绳的安全系数要在3以上。

当井架负荷300kN时,前绷绳长33m、直径15.5mm;后第一道绷绳长32m、直径18.5mm;后第二道绷绳长30m、直径15.5mm。当井架负荷500kN时,前绷绳长33m、直径15.5mm;后一道绷绳长32m、直径18.5mm;后二道绷绳长30m、直径15.5mm。当井架负荷800kN时,前绷绳长33m、直径15.5mm;后一道绷绳长32m、直径21.5mm;后二道绷绳长30m、直径18.5mm。

对绳卡的安装要求如下:根据钢丝绳的直径,按有关标准选择相应绳卡,不应代用;绳卡U形螺栓扣在钢丝绳尾段上,后盖扣在钢丝绳的工作段上;第一个绳卡要尽量靠近绳环端,绳卡间距离为钢丝绳直径的6~7倍;所用绳卡压盖、螺栓无裂痕,无缺损;螺母不偏紧,不滑扣,上紧到钢丝绳截面呈扁圆形。

在井架的安装和使用过程中,法兰螺栓主要是用于调整各道绷绳的松紧,校正井架。井架立好后,法兰螺栓达到如下标准为合格:灵活易调节,螺纹无缺陷,整体无变形,无泥土,无油污,不生锈,有调节余地,螺母在螺栓杆的1/4~3/4处。

2. 井架附件

1) 底座

底座在井架的底部,是井架的座子,靠地脚螺栓与井架连在一起,用于同基础接触,支撑井架。现场用的底座多为旧油管焊接而成,搬迁时与井架一起用车运输。

安装井架时,对底座的要求是:规格适当,无开焊、断裂现象,支脚座螺栓齐全紧固,平稳不晃动,用600mm水平尺测量误差不超过2mm;底座中心(支脚座中心)到井口中心的水平距离符合规定标准,误差不超过±5cm;左右支脚座与井口中心的距离相等,偏差不超过2mm。

2) 基础

基础能改变井架与地面的接触方式,减少井架承载后下陷的可能性。现场使用的基础有两种:一种是混凝土基础,另一种是土质基础。

作业深度超过3500m和装有二层台的井架必须用混凝土基础。混凝土基础的要求如下:(1)基础规格。BJ-18型:长×宽×深=3.5m×2m×(0.5~0.8)m。(2)配料体积比。$V_{砂子}:V_{石头}:V_{水泥}=3:5:1$。(3)水泥标号。425号或525号普通水泥即可。(4)砂石标准。砂子为干净的工程砂,石头为直径250~350mm的毛石。(5)拌灰要求。在拌灰板上先将干灰调均匀,加清水搅拌成可流动的水泥砂浆。(6)灌浆要求。分层填石,分层灌浆,灌满捣实,不留缝隙。(7)水平要求。用600mm水平尺测量,其水平误差不大于2mm。(8)总体要求。表面平整,无断裂下陷,凝固完好。

对井架负荷较小的,可将地面整平、砸实做土质基础,具体要求为:无虚土,无泥水,平整坚实,不易下沉,高于周围地面,决不许用稀泥或冻土块来垫。

3)地锚

地锚能拉紧绷绳,使绷绳的一端牢固地固定在适当的位置,以稳定井架的工作状态。地锚桩用旧油管或旧钻杆制成,锚杆长2.0~2.5m(后绷绳负荷较大时,锚杆长必须在2.5m以上),锚杆直径要大于70mm,锚盘直径不小于300mm,厚度不小于6mm。

地锚在井场的位置如图2-3所示。

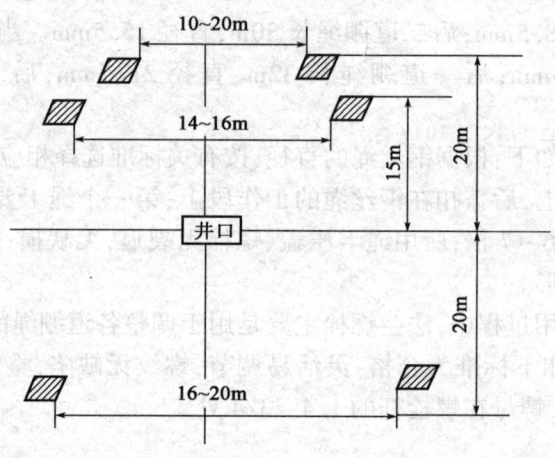

图2-3 井场地锚位置示意图

井架安装时下入地锚的要求及注意事项如下:

(1)确定下地锚的方位时,要注意地下电缆及油气管线的走向,同时考虑空中电路对现场施工设备(地锚车、井架车、吊车等)、绷绳有无影响。

(2)地锚不要下在土质松软、积水浸泡及跨越占用道路、农田的位置,无法避开时,应采取加固地锚、加长绳等措施。

(3)地锚坑要挖成枣核形,其短直径要小于锚盘直径。

(4)选用地锚规格要符合规定标准,不能有任何缺陷。地锚必须下入原始土壤,锚杆要全部拧入。

(5)用地锚车转地锚时,锚杆要扶正(垂直于地面)。遇到障碍锚杆不能垂直拧入时,可稍后倾,但不能向井架方向倾斜。扶锚杆的人应站在吊臂前的左右两侧,不要站在吊臂正前方或吊臂下。固定销子要装牢。

（6）地锚下入后，锚杆外露部分长度不超过15cm，锚耳开口方向正对井口，锚坑填平砸实以防积水。

3. 井架的立放操作

立放 BJ-18 型井架需用井架车。在载重汽车底盘上装配专用的设备，集立放运井架于一身的专用车称为立放运井架车，简称井架车。要求所用载重汽车的越野性能好、重心低，有足够的车长保证车平稳。

1）立放前的准备

检查油箱液面是否达到规定高度，以油杆尺最上面刻线为准，同时检查托架、保险绳及其他紧固件是否紧固。立井架前要检查井架及附件是否符合要求。各润滑点加足润滑油，每立放 10 次加注一次润滑油。检查各油路、气路有无漏油、漏气现象。各控制开关应停在中间或不工作状态。

2）立井架

立井架的位置可根据井场条件和施工要求选择，一般要求井架立起后留有井下作业施工用的各种设备的摆放位置，便于车辆进出，便于下地锚。

井架车到井场后将车中心对准井口中心，车后轮中心线离井口 7m 左右，刹住车后轮。

把全部绷绳拉到合适的长度和位置。松开井架上的紧绳器，启动油泵。踩下离合器，将变速手柄放在空挡，打开油泵传动控制单向气动开关，指示灯亮，即表示齿轮挂上，松开离合器，油泵开始工作。

打开手动换向阀，分别把左右液压支腿支撑到地面，这时压力表显示压力不超过 5MPa。然后在液压支腿下垫木块，防止下陷。松开四个横向液缸，打开单向气动开关。

开通向油缸的手动换向阀，放到上升的位置，使起升液缸下端进油，顶起井架 10° 左右暂停，看车的各部位工作是否正常。在井架底座接触基础立起 70° 左右停止起升，测量井架中心到井口中心的距离，并观察位置是否合适。再将井架放回，固定后四道绷绳，然后将井架送到工作位置。

观察井架的坡度和与井口中心线的位置，达不到要求时，用横纵向液缸调整。固定所有绷绳，收回托架、液压支腿，做好收尾工作。到此，井架立起工作全部结束。

3）放井架

井架车到井场后，将车中心线对准井架的中心线，车后轮中心线距井口 7m 左右，刹住车，并将车固定好。

启动油泵，打开手动换向阀，分别把左右液压支腿支好，起升托架，托架快靠近井架时打开单向气动开关，使抱紧销收到气缸内。托架靠上井架后，便关闭气动开关，使抱紧销复位，抱住井架，这时松开前绷绳。

试收托架，在各部位均完好的条件下，将托架收回落到支架上，用调整液缸把井架的位置调整好，销紧。

收回液压支腿,拔出所有地锚,将绷绳、地锚缠好,捆牢在井架上。

4)立放运井架的安全要求

(1)立井架前要对井架和设备认真检查,认真执行操作规程。

(2)井架立起后,前绷绳未装卡牢固时,井架车的托架和吊车的游车不得收回或摘掉。

(3)放井架时,托架未靠近井架或吊车的游车未与井架起重绳挂牢之前,井架前第一道绷绳不得摘掉。

(4)立井架前应清除井架上的泥土杂物,以防井架立起后危害人身安全。

(5)立放井架时,指挥人员应站在井架车操作台斜对面与操作人员视线无遮挡、距井口3~5m的位置,其他人员应站在以井架高度为半径的范围以外安全的地方。六级风以上的天气和风雪天不得立放井架。

(6)在井架和二层台上进行操作时,要穿硬底鞋,系好安全带,脚下踩实、站牢。一般情况下要一只手扶东西,一只手操作。

(7)用井架车纵向调整缸调整井架位置时,操作要平稳。若有卡挂现象,排除故障后再进行操作。

(8)严格按标准施工,井架底座中心与井口的距离达到规范标准,天车正对井口。

(9)按规定标准下地锚,装卡绷绳,及时更换锈蚀严重的绷绳或地锚。有大风警报时,采取加固绷绳、地锚或将井架放倒等措施。

(10)立放29m井架时,放落井架二层平台应用吊车吊放或其他动力牵引平台悬吊缓慢下放。无动力设备时,应将两根平台悬吊绳在井架立柱上各缠两圈,每根绳由4人以上拉紧然后缓松、慢放,直到放平。

4. 井架立起后合格的标准

井架在作业施工中承受大而复杂的力,一旦发生事故就会造成不可估量的损失,因此要求施工人员在井架立起后,按规章制度认真检查,不合格的地方及时整改。班组应在使用前按要求检查井架,有不合格的地方应拒绝验收使用,在使用过程中对井架要勤看、勤查、勤修。检验井架合格的标准如下:

(1)井架所有螺栓齐全、紧固,焊接部位无裂缝,井架无损坏、无鸡胸变形及其他塑性变形。井架及附件符合质量要求和安装标准。

(2)天车中心与井口中心在一条垂直于地面的直线上,偏差在5cm内。

(3)立井架的位置合适。井架立起后,不妨碍各种车辆、物资进出和摆放。在有抽油机的情况下,应把井架安装在抽油机两侧(与抽油机平行)的位置。特殊情况下,要保证游动滑车起下时不碰挂抽油机的任何部位。

(4)梯子、护栏等配件要安全、齐全,底座销子上的开口销要装好。

5. 井架的校正和使用

1)判断井架故障的方法

用大钩吊起一根油管或短节,使其处在自由悬吊状态,即可看出天车、大钩、井口是否在同一直线上,还能看出是否有其他故障。

2)井架在使用中常出现的故障及校正方法

井架在使用中常出现的故障及校正方法见表2-1。

表2-1 井架在使用中常出现的故障及校正方法

故障现象	原因	校正方法
前后不对中	井架坡度过大或过小	松前绷绳紧后绷绳,松后绷绳紧前绷绳
左右不对中	支脚距井口的距离不等	调整支脚的距离
	底座基础不水平	找平底座基础
中心不对正	井架方位不合理	调整井架方位
	绷绳开裆不合理	改变地锚位置

3)调整绷绳法兰螺栓的方法

(1)根据井架的倾斜方向,按照先松后紧的原则,逐道对角调整。

(2)调整时,两人配合,每人各持一根撬杠,一根插在法兰螺栓靠近绷绳一端丝杠与绷绳的连接环上做备杠用,另一根插在连接筒的调整环或筒上,开始慢慢拧一下连接筒以认准调整方向,之后连续拧动连接筒,直到井架校正好。

(3)调整时,要注意通过观察孔观察,法兰螺栓的螺纹留在连接筒内的长度不得少于10cm。

(4)当用法兰螺栓调整不了的时候,可将绷绳松开,调整丝杠的长度和绷绳的预紧力。若仍不能满足要求,要重立井架。

(5)校正后的井架前后左右的偏差不能超过5cm。

4)井架的使用要求

(1)井架必须在安全负荷范围内使用,若需要超负荷使用,应先请示有关部门,并对井架进行加固,制订安全措施。

(2)起下作业、抽汲施工每天8点班应对天车、地滑车打黄油一次。黄油嘴应保持完好,发现卡、坏、打不进黄油时,应及时修理或更换。

(3)发现井架弯曲、拉筋断裂、变形等情况时,应停止使用,请示有关部门,经鉴定处理后方可再用。

(4)井架使用中应经常检查各道绷绳吃力是否均匀,绳卡是否紧固,天车固定螺栓与井架连接螺栓等是否紧固。

6. 拉力计及指重表安装

在起下作业中,拉力计和指重表是司钻了解钻柱悬垂和在动力载荷下牵引阻力瞬时值的唯一仪表。其安装方法和要求是:

(1)拉力计应悬吊在井架大腿底部中间高1.5m左右固定好,两边要装保险绳。

(2)拉力计的一端与死绳头用绳卡卡牢,另一端与井架底部横梁用猪蹄扣连接并用卡子卡牢。

(3)拉力计的表盘对准司钻,便于司钻和其他操作人员观看。

(4)每个连接处应用相应规格的绳卡4个以上卡紧,装绳卡的死绳部分不能与井架任何部位发生摩擦。

(5)拉力计和指重表安装前要检查,不合格的不允许使用。

(6)只要进行起下作业,必须装拉力计或指重表。

二、修井机井架的安装

修井机(车载钻机)开到井场后,按有关要求将其就位、做好各种检查和准备工作后,即可按下面的程序安装井架。

1. 起升井架

起升井架前必须检查绷绳、二层台固定钢丝绳、抽油杆悬挂器固定钢丝绳、游动系统等绳索是否按要求固定好或者有无干涉,并松开前支架处的井架固定卡子。

开启整体井架起升液压缸液压阀手柄,使井架离开前支架10~20cm,并在此位置停留2min左右,观察、检查液路系统,不允许有漏油及压力过高等不正常现象。然后继续起升井架至工作位置,当井架快接近工作位置时,应减少液压阀开启度,以便下节井架缓慢地坐在井架底座上,然后接入下节井架与井架底座的连接锁或其他固定装置。

松开上、下节井架的连接件,开启上节井架伸缩液压缸液压换向阀,使上节井架从下节井架中伸出。当快到行程终点时,应使液压阀手柄开启度减小,使上节井架缓慢上升至足够高度,以保证上、下节井架锁销完全伸出,然后慢放上节井架,使其与下节井架锁紧。

在起升上节井架过程中,同时注意操作绞车,使游车大钩处于合适位置,并密切注视扶正器动作是否正常。

挂上负荷绷绳,用调节丝杠调整、检查井架的倾斜度,使大钩中心线对准井口。固定其他6根绷绳,并保证绷绳的预紧力。接好井架部分的电、气路。

2. 下放井架

摘开电、气路及固定销子,放松负荷绷绳,摘开其他绷绳,放净伸缩液缸及起升液缸中的气体。

小心开启上节井架伸缩液压缸液压阀手柄,直至上节井架锁销脱开下节井架,压下锁销、操作手柄,使上节井架下降到停车位置。在此过程中,要注意游车大钩是否处于合适位置。

摘下下节井架的固定装置,调整主液缸并将其顶部的空气排出。打开主液缸液压手柄,使井架放倒在井架前支脚上。

收起所有的绷绳,升起井架底座千斤及其他千斤,把井架固定。检查所有部件固定合格后即可运移搬迁。

3. 修井机井架使用时应注意的问题

(1)必须保证绷绳与锚桩的形式与负荷能力符合推荐绷绳的要求。

(2)底座下面必须放置稳固底梁,以便将载荷支承在地面上。

(3)井架上体伸出后必须检查固定装置是否灵活可靠。

(4)井架立起到竖直位置时,在上节井架与底座之间必须穿上销子,之后才可伸出下节井架。

(5)由天车到汽车底盘的两根绷绳及其他绷绳,调整张力后垂度应为6~10in(150~250mm)。

(6)井架起升与倒放时,必须保证所有钢丝绳无任何阻碍现象。

在工作中,对所用的修井机起升井架时,除记住以上操作过程和注意事项外,还要认真阅读随车所带的操作说明书,结合自己的经验,才能正确地使用好井架。

三、注意事项

(1)立、放井架必须由专人指挥,专人操作,专人观察。

(2)操作人员必须经培训后合格上岗。

(3)立、放井架期间,非工作人员应远离井架,工作人员不得站立在井架下面。

(4)立、放井架作业不能在夜间或五级风以上的天气进行。

(5)立、放井架过程中操作要平稳,防止碰、挂。若发生异常现象,立即停止立放操作,排除故障后方可继续立、放井架。

(6)作业过程中,若发生井架失衡,应将井架放倒,垫平夯实基础后,再立井架。严禁采用调整绷绳、校正井架的措施。

(7)在放井架过程中,应将大绳整齐排列在滚筒上,并注意大钩所处的位置。

(8)井架下放完毕后,应将井架之间的安全钩挂牢,并固定游动滑车。

(9)每次立、放井架前后,应对井架进行全面详查,发现开焊、断裂等问题及时处理。

考核标准

检查项目	操作标准	分数	扣分
立放井架要求	描述准确清晰	30	
井架在使用中常见故障及校正方法	描述准确清晰	40	
调整绷绳法兰螺栓的方法	描述准确清晰	30	
合计		100	

项目五　穿　大　绳

实习目的及要求

(1)掌握穿大绳的操作步骤及要求。

(2) 会处理大绳跳槽。
(3) 能识别钢丝绳种类。

一、准备工作

(1) 设备：通井机、游动滑车、井架。
(2) 工具及用具：活动扳手、手钳、钢丝绳、与钢丝绳相匹配的绳卡、棕绳、细麻绳、安全带。
(3) 仪表：检查合格的拉力表。

二、穿大绳及大绳跳槽处理

1. 钢丝绳的认识

在井下作业施工中，一般常用 $\phi 19mm$（$\frac{3}{4}in$）和 $\phi 22mm$（$\frac{7}{8}in$）钢丝绳作滚筒与游动滑车之间的连接大绳，使修井机滚筒、井架天车、游动滑车及大钩连接成为统一的吊升系统，将滚筒的转动力转变为游动系统的提升力，完成井下作业施工的各种工艺管柱的起下和悬吊井口设备等作业。

钢丝绳还可作为井架绷绳固定稳定井架，使井架能承载井下作业管柱负荷。钢丝绳在井下作业施工中还用于牵引拖拉起吊设备时的承力、承重绳套。

按钢丝绳的捻制方法来分，石油工程中常用左交互捻和右交互捻两种结构形式的钢丝绳。在无特殊要求时，一般均按左交互捻供货。

按钢丝绳截面形式来分，可将钢丝绳分成西鲁式（S）、填充式（Fi）、纤维绳芯式（NF）、绳式钢芯式（LWR）四种形式。

修井施工中的吊升用钢丝绳（大绳），一般常选用 6 股×19 丝左交互捻制成的西鲁式纤维绳芯钢丝绳。

钢丝绳强度一般分三级，即普通强度（P）、高强度（G）、特高强度（T）三级。

2. 操作步骤及要求

1) 操作步骤

(1) 地面操作人员将游动滑车位置摆正。
(2) 把提升大绳缠在通井机滚筒上。
(3) 由一名操作人员（具有高空作业资质）系好安全带，并将速差式自控器钢索倒下挂在安全带上，携带棕绳沿井架梯子爬向井架顶端天车位置。
(4) 到达开车位置后，操作人员将棕绳从天车滑轮右边第一个滑轮穿过，使棕绳的两端分别从井架前、后落到地面上。
(5) 地面操作人员把井架后边的棕绳端头与通井机滚筒上的提升大绳端头连接，棕绳顺着提升端头环形缠绕五次，并捆牢。同时，将井架前棕绳端拴在提升大绳端部。
(6) 地面操作人员缓慢拉动井架前的棕绳（通井机操作手同时松开滚筒刹车），将提升大绳拉向井架天车。

（7）提升大绳与棕绳连接处到达天车后，天车处的操作人员将提升大绳扶入天车右边第一个滑轮（快轮）内。

（8）地面操作人员继续拉动棕绳，将提升大绳从天车拉向地面，提升大绳端头达到地面后解开提升大绳上的棕绳，再用细麻绳与提升大绳端头连接起来。

（9）将细麻绳从游动滑车右边第一个滑轮自上而下穿过，拉动细麻绳的另一端使提升大绳进入游动滑车右边第一个滑轮内。

（10）天车处的操作人员调整棕绳，使棕绳从井架前落到地面。地面操作人员将天车后的棕绳与游动滑车第一个滑轮穿过的提升大绳端头用环形扣缠绕并扎牢，将从天车前顺下的棕绳拴在提升大绳的端部。

（11）缓慢拉动天车前的棕绳带动提升大绳升向井架天车。

（12）大绳端头提升到井架天车后从天车右边第二个滑轮穿过，天车处操作人员将棕绳拨入天车第三个滑轮内，地面操作人员继续拉动棕绳，使提升大绳从井架天车降到地面。

（13）用操作步骤（4）~（12）将提升大绳依次穿过滑轮组。

（14）提升大绳从井架天车最后一个滑轮穿过并沿井架中间到达地面后，将死绳固定。

2）要求

（1）穿大绳时一人上井架操作，一人在地面指挥，其他人员要听从指挥统一动作，相互配合。

（2）提升大绳直径应大于19mm，无打结、锈蚀、夹扁等缺陷，每捻距断丝应不超过5丝。

（3）钢丝绳的死绳头应用不少于5个配套绳卡固定牢靠，卡距150~200mm，死绳走井架腹内，底绳兜绕于井架双腿上，用4个绳卡固定。

（4）拉力表要安装牢固，悬挂于便于观察处。上拉环用钢丝绳套并联卡在大绳上，下拉环用绳套卡在井架上，上下拉环的绳套各用4个以上的绳卡卡牢，上下拉环之间还应卡保险绳，防止拉环断裂闪断大绳。

（5）绳卡与钢丝绳直径相符，绳卡之间的卡距如下：ϕ20mm钢丝绳卡距最小距离127mm，绳卡4个；ϕ22mm钢丝绳卡距最小距离140mm，绳卡4个。卡紧程度以钢丝绳直径变形1/3为准。

（6）游动滑车放到井口时，滚筒上钢丝绳余绳应不少于15圈，活绳头固定牢靠。

（7）新启用的提升大绳应在穿大绳前破劲，以免在穿大绳过程中打扭。

（8）穿大绳可以根据施工的需要，穿6股或8股绳。

3. 处理大绳跳槽

1）提升大绳在天车跳槽，但大绳可自由活动

（1）把游动滑车用钢丝绳与绳卡牢固地卡在井架上。

（2）通井机挂倒挡放大绳，使大绳解除负荷。

（3）操作人员系安全带在井架天车平台处，用撬杆把跳槽的大绳拨进天车槽内。

（4）慢提游动滑车，待大绳承受负荷后刹住刹车。

（5）卸下把游动滑车固定在井架上的钢丝绳与绳卡。

(6)上下活动游动滑车两次,正常后停车。

2)提升大绳卡死在天车两滑轮之间,且大绳不能自由活动(活绳没有卡死)

(1)把游动滑车用钢丝绳与绳卡牢固地卡在活绳上。

(2)慢慢上提游动滑车,使提升大绳放松,刹死刹车。

(3)操作人员系安全带在井架天车平台上,用撬杠把卡死在天车两轮间的大绳撬出并拨进天车滑轮槽内。

(4)通井机手慢慢下放游动滑车,待各股大绳都承受负荷后,卸掉固定游动滑车的钢丝绳与绳卡。

(5)慢慢上提下放游动滑车,正常后停车。

3)提升大绳在游动滑车内跳槽,但大绳仍能自由活动

(1)慢慢下放游动滑车至地面上,并放松大绳。

(2)用撬杠将跳槽大绳拨进槽内。

(3)慢慢上提游动滑车离开地面。

(4)继续上提下放游动滑车两次,正常后结束处理工作。

4)提升大绳跳槽后,卡死在游动滑车内,且大绳不能自由活动

(1)用钢丝绳和绳卡把游动滑车固定在井架上。

(2)用倒挡松活绳,操作人站在固定游动滑车处的井架部位,先拉动活绳,然后依次拉松游动滑车内的提升大绳,直至拉到卡死位置,再用撬杠把被卡死的提升大绳撬出后拨入轮槽内。

(3)缓慢上提大绳直到吃住负荷,刹住刹车。

(4)卸掉固定游动滑车的钢丝绳及绳卡。

(5)上提下放游动滑车,正常后停车。

三、注意事项

(1)上井架进行操作的人员应系好安全带,戴好安全帽。

(2)当风力超过六级、雷雨天、浓雾天或暴风雪时,不应上井架进行操作。

(3)上井架进行操作的人员随身携带的小工具应用小绳系于身上,以免掉下伤人。

 **考核标准**

检查项目	操作标准	分数	扣分
钢丝绳种类识别	能够准确识别不同形式的钢丝绳	20	
穿大绳工序	能够穿大绳	40	
大绳跳槽处理	能够正确处理不同情况下的大绳跳槽	40	
	合计	100	

项目六　校　正　井　架

实习目的及要求

（1）掌握校正井架的方法。
（2）了解校正井架的要求。

一、校正井架的方法

校正井架是指为保证井架施工安全，通过调整绷绳，使井架与井口之间的位置达到规定要求的过程。

大绳穿好后提起游动滑车，天车、游动滑车、井口三点应该在一条直线上，如果三点不在一条直线上，就应该通过校正井架来调整游动滑车的位置。具体方法如下：

（1）吊起一根油管，根据吊起的油管与井内的油管位置调整法兰螺栓。
（2）当调整法兰螺栓后仍不能将游动滑车调整到位时，应该调整绷绳（倒绷绳）。调整绷绳时应该先用绳套将绷绳卡在地锚上，然后方可松开卡法兰螺栓的绳卡，再根据情况把法兰螺栓调长或调短，重新用绳卡卡在绷绳上。

二、校正井架的要求

（1）校正井架后，前后各绷绳都要绷紧，受力均匀。
（2）在法兰螺栓上、下的观测孔能看到丝杠。
（3）天车、游动滑车、井口三点在一条直线上。
（4）倒绷绳时，先卡保险绳，防止发生倒井架事故。

三、注意事项

（1）井架、绷绳和地锚桩应符合相应的质量要求。
（2）操作过程中严格执行操作规程，做到安全生产。
（3）天车、游动滑车和井口中心在一条直线上，前后偏差应小于5cm，左右偏差应小于2cm。

考核标准

检查项目	操作标准	分数	扣分
校正井架的方法	描述准确清晰	60	
校正井架的要求	描述准确清晰	40	
合计		100	

项目七 摆挂驴头

实习目的及要求

(1)掌握摆挂驴头的步骤。
(2)了解摆挂驴头的注意事项。

一、摆挂驴头的步骤

1. 工具准备

900mm 管钳一把,375mm、450mm 活动扳手各一把,安全带一副,方卡子一只,白棕绳 20m,大锤一把。

2. 作业前抽油机的操作

(1)按电源停止按键使抽油机停止工作,并将抽油机停在上死点 0.3~0.5m 处,刹紧抽油机刹车。

(2)把方卡子卡紧在光杆上、在采油树防喷盒以上 0.1~0.2m 处。

(3)松开抽油机刹车,启动抽油机,当方卡子坐在防喷盒上时,停止抽油机,刹住抽油机刹车。

(4)卸掉悬绳器上方的方卡子。

(5)慢慢松开抽油机刹车,启动抽油机,将悬绳器提出光杆端头。然后,使抽油机游梁处于水平状态,刹住抽油机刹车;如果悬绳器为挡板式,则卸掉挡板螺栓,打开悬绳器,将悬绳器与光杆分开,并将抽油机游梁处于水平状态,刹住抽油机刹车。

(6)操作人员系好安全带,沿梯子爬到游梁上,将安全带系在牢固位置处,将驴头锁紧装置打开。

(7)锁紧装置打开后,操作人员下到地面安全位置,将驴头摆至适合于修井作业的位置并固定,可卸式驴头用吊车吊放至地面合适位置。

3. 拆卸式驴头的摆挂

(1)吊驴头时要有专人指挥。将驴头放至下死点,在光杆上打好底卡子,卸开光杆卡子,卸掉驴头的负荷。

(2)卸下悬绳器,慢慢松开抽油机的刹车,使游梁处在水平位置,把刹车刹死;断开配电箱的电源。

(3)爬上游梁,固定好安全带,挂好吊升绳套。

(4)大钩缓慢提紧吊升绳套,待绳套绷直后停车;卸下驴头销子。

(5)大钩吊开驴头,用牵引车拉紧牵引绳套,大钩下行将驴头放下。

(6)松开抽油机刹车,使游梁扬起。
(7)安装时用绳套吊起驴头,固定在游梁上锁紧。

4. 侧转式驴头的摆挂

(1)用棕绳系在驴头上,打开固定驴头的锁定装置,用人力向侧面拉动。
(2)安装时用棕绳将驴头向相反方向拉正并锁紧。

5. 上翻式驴头的摆挂

(1)在抽油机驴头处于下死点时挂好专用提升绳套和牵引绳。
(2)启动抽油机将驴头抬起至上死点后刹紧抽油机刹车。
(3)打开驴头锁紧装置。
(4)用游动滑车缓慢提升驴头上的专用绳套,当驴头上翻接近最高点时拉紧牵引绳,停止上提游车大钩,缓慢下放驴头,使其翻转在抽油机游梁上。
(5)安装时,在驴头上挂好专用绳套,用游动滑车将驴头缓慢复位并锁紧。

二、注意事项

(1)抽油机曲柄旋转范围内不准站人。
(2)卡方卡子前应检查抽油机刹车,保证其刹车性能稳定;悬绳器从光杆上拉出时,注意不要伤害光杆。
(3)驴头转销锈死时,要先用柴油清洗,活动后再拉动,切勿硬拉。
(4)操作人员上抽油机必须系好安全带。

考核标准

检查项目	操作标准	分数	扣分
不同型号采油树的构造和工作原理	描述准确清晰	50	
摆挂驴头过程中的注意事项	描述准确清晰	50	
合计		100	

项目八　安装井口控制装置

实习目的及要求

掌握常规作业中井口控制装置的使用方法。

一、井口控制装置的认识

井口控制装置是在井口控制井喷及控制油管上顶的装置。在防喷器上部可以安装防止油管上顶和加压起下油管的控制组件,能够实现在井内常压的情况下完成起下管柱的作业。常规作业经常使用手动开关的井口控制器、高压井、气井以及大修取套井施工时,要使用液(气)动和手动双重开关的防喷器。

二、井口控制装置的使用

常规作业使用的井口控制装置一般有自封封井器、手动单闸板防喷器、双闸板防喷器、油管旋塞等。

1. 自封封井器

自封封井器由壳体、压盖、压环、密封圈和胶皮芯子等组成,实物如图2-4所示。它依靠井内油套环形空间的压力以及胶皮芯子自身的伸缩力来密封油套环形空间,井内油管和下井工具能顺利通过胶皮芯子,最大通过直径应小于115mm。

自封封井器的具体使用方法为:卸掉压盖,取出压环,将胶皮芯子平面朝上放入壳体内,放上压环,盖上压盖,直到上紧为止;下入10根油管以后(或10根油管以上没有大直径工具下井后可装自封),将钢圈放在吊卡上,把自封封井器抬到井口油管接箍上坐好用手扶住,将提前吊起的油管慢慢地插入胶皮芯子中,将手撤回;打好背钳,用另一把管钳卡在自封封井器以上约10cm处,边下压管钳边转油管,使油管通过胶皮芯子与下面油管内螺纹接箍对正上紧;两人抬起自封封井器检查油管螺纹是否上紧,若未上紧,重上直至上紧为止;上提油管,摘掉吊卡,将四通钢圈槽擦干净抹好黄油,把钢圈放入槽内,慢慢下放油管使钢圈坐进自封封井器下法兰钢圈槽内,对角上紧4条螺栓,再用管钳上紧压盖,就可以正常下油管作业。

2. 手动单闸板防喷器

手动单闸板防喷器由壳体、闸板总成、侧门、手控总成及密封装置等组成,实物如图2-5所示。

图2-4 自封封井器　　图2-5 手动单闸板防喷器

手动单闸板防喷器的拆卸步骤及注意事项见表2-2。

表 2-2 手动单闸板防喷器的拆卸步骤及注意事项

序号	步骤	注意事项
1	打开侧门	检查 O 形圈,打开侧门时,闸板要开到位
2	取下闸板芯	检查闸板总成、防喷器内腔及各连接件,注意在取闸板时,应将闸板芯向关的方向关一段距离,再左右移动,方可取下闸板芯
3	打开小边盖	固定螺钉不要丢失
4	取出丝杠	首先要卸去止退锁钉,然后顺时针旋转丝杠,取出后要检查丝杠
5	卸去大边盖	取下保护套,卸去定位卡环并检查
6	取下密封圈	先取下卡簧,再取密封圈,检查密封圈、压圈、轴承、丝杠轴及密封盒。注意在取丝杠闸板轴时,应用软质材料来打,以免损坏零部件

3. 双闸板防喷器

双闸板防喷器实物如图 2-6 所示。当高压油进入左右油缸关闭腔时,推动活塞、活塞杆,使左右闸板总成沿着闸板室内导向筋限定的轨道分别向井口中心移动,达到封井的目的。当高压油进入左右油缸开启腔时,左右两个闸板总成分别向离开井口中心的方向移动,达到开井的目的。闸板防喷器一般在 3~8s 内即能开井关井。

双闸板防喷器的具体操作为:当需要半封闸板封井时,同时转动两翼丝杠,使半封胶芯向井眼中心移动达到封井的目的。当需要封空井时,先转动中间丝杠、将密封堵头推到中间位置,然后再转动两翼丝杠使半封胶芯紧包住堵头,即可起到全封井口的作用。

图 2-6 双闸板防喷器

手动锁紧与解锁要领如下:
(1)锁紧:顺旋→到位→回旋 1/4~1/2 圈。
(2)解锁:逆旋→到位→回旋 1/4~1/2 圈。
注意手动开关井,锁紧杆左右两边的开关圈数要一样。

4. 油管旋塞

在修井、完井等标准化作业中,要求井口必须安装井控设备。油管旋塞(图 2-7)是井控设备之一,当起下钻作业发生井涌或井喷时使用油管旋塞关闭油管,从而实现关井,关井后即可连接压井设备。打开油管旋塞,可实现正反压井。它具有结构紧凑、承压高、操作维修方便的特点。

油管旋塞的使用方法如下:

图 2-7 油管旋塞

(1)在起、下钻作业中发生井涌时,先使用防喷器或封井器封隔油套环空;
(2)打开油管旋塞阀门开关,接到井内油管柱上;
(3)关闭油管旋塞阀门,再连接压井设备,进行压井。

油管旋塞两个月之内必须进行保养、试压；超过10个月，所有密封件必须更换。

三、注意事项

（1）井口控制装置要有产品合格证和试压检验合格证。
（2）封井器的工作压力应满足施工压力要求。

考核标准

检查项目	操作标准	分数	扣分
自封封井器的使用方法	描述准确清晰	25	
手动单闸板防喷器的拆卸步骤	描述准确清晰	25	
双闸板防喷器封井的具体操作	描述准确清晰	25	
油管旋塞的使用方法	描述准确清晰	25	
合计		100	

项目九　连接地面管线

实习目的及要求

会正确使用管线连接工具连接一般施工管线。

一、正循环管线的连接

在采油树靠进口管线一翼的生产闸门处装一单流阀、外螺纹活接头，用高压弯头把管线接到地面，与进液管线对接。再将水泥车尾部的内螺纹活接头与进口管线的外螺纹对接，活接头用大锤砸紧，油管线连接螺纹处抹好密封脂后上紧，进液通道即接好。采油树靠近出口管线一翼套管闸门处装一针形阀，并装一外螺纹活接头与出口管线内螺纹活接头对接。再将出口管线的出口处接在放空罐上，活接头砸紧，螺纹上好即可。

把正循环管线的进、出口处对换，即成为反循环管线。

二、注水泥塞管线的连接

注水泥塞分两个阶段，第一阶段是正注水泥浆，使用正循环管线，液体的通路是水泥车给液体增压后，通过地面管线、井口进入油管内，再从环空返出；第二阶段反洗出多余水泥浆，使用反循环管线，液路与正循环相反。反洗井时，把提升短节上和套管上的活接头分别砸开，对调，即成反循环管线。

三、冲砂管线的连接

在靠近井口一端的油管管线上（或水泥车的快速管线上）接上高压水龙头的一端（内螺纹活接头），另一端的外螺纹活接头与一活动弯头的内螺纹活接头对接，然后把活动弯头上的外螺纹活接头与上在欲下井油管上的内螺纹活接头对接；再将保险绳挂在游动滑车上，最后接好出口管线。

考核标准

检查项目	操作标准	分数	扣分
一般施工管线的连接	能够使用管钳熟练地连接施工管线，达到施工质量标准	100	
合计		100	

情境三 检泵作业

抽油井检泵作业是保持泵的性能良好,维护抽油井正常生产的一项重要手段。检泵作业施工工序有施工准备、压井(或洗井)、起抽油杆、起泵、通井、组配下泵管柱、下泵、下抽油杆柱、试抽交井等。学生通过在井下作业仿真模拟中心训练和在井下作业实训基地的实际操作,了解各种检泵作业的施工工序,会进行抽油井检泵作业操作。

项目一 通 井

实习目的及要求

(1)掌握通井操作要点和施工操作步骤。
(2)能按施工设计要求,进行通井操作。

一、通井的概念

视频3-1 通井

通井(视频3-1)是指将通径规接在下井第一根油管或钻杆的末端,逐步加深管柱,下至井底或设计深度,用修井液洗井一周以上后提出通径规,用以清除套管内壁上黏附的固体物质,如钢渣、毛刺、固井残留的水泥等。

二、操作步骤

1. 选择通径规

准备适应本井套管规范的通径规(选择依据见表3-1)。选择检查通径规,长度为1.2m(特殊情况按设计要求),最大外径小于套管最小内径6~8mm,无变形,螺纹完好。

表3-1 套管通径规规范

套管规格	mm	114.30	127.00	139.70	146.50	168.28	177.80
	in	4½	5	5½	5¾	6⅝	7
通径规规格	外径,mm	92~95	120~107	114~118	116~128	136~148	144~58
	长度,mm	500	500	500	500	500	500
接头连接螺纹	钻杆	NC26	NC26	NC31	NC31	NC31	NC38
	油管	2⅜TBG	2⅜TBG	2⅞TBG	2⅞TBG	2⅞TBG	3½TBG
铅模规格	外径,mm	95	105	118	120	145	158
	长度,mm	120	120	150	150	180	180

2. 组配管柱

按施工设计管柱图组配管柱,自上而下为油管(钻杆)、通径规。

3. 安装封井器

下油管 3~5 根,装好自封封井器。

4. 下管柱

缓慢下入管柱,速度控制在 10~20m/min,下到距人工井底 100m 时,下放速度不能超过 5~10m/min。当通到人工井底悬重下降 10~20kN 时,连探三次,若误差小于 0.5m 则为人工井底深度。若管柱遇阻,加压不超过 30kN,记录好遇阻深度。

5. 起出通井管柱

反循环洗井 1.5 周,起出井内油管,起至最后 3~5 根时,卸掉自封封井器,再起出通径规。

6. 检查通径规

对起出的通径规详细检查,如发现痕迹要进行描述并绘制草图。

7. 资料录取

需要录取的资料包括管柱类型、规格,单根长度,下入根数,通径规的型号、外形尺寸,通井深度,遇阻位置指重表变化值,通径规痕迹描述。

三、注意事项

(1)射(补)孔井、转轴井、电泵井、大修井、套变井等特殊工序都必须通井。
(2)通径规的直径一般选择比套管内径小 6~8mm,长度为 2~4m。
(3)下通径规时要求平稳操作,通径规距井底 100m 时,应缓慢下至人工井底(或设计深度)。
(4)注意观察,如遇阻悬重下降 2~2.5kN,应上下活动,记录下入深度,严禁猛放、砸压。
(5)通井完后,起出通径规详细检查并记录数据,发现严重印痕的应采取后续措施,禁止用通井管柱冲砂或进行其他井下作业。

考核标准

检查项目	操作标准	分数	扣分
准备工作	通井工具、用具准备齐全,劳保用品穿戴整齐	30	
操作步骤	会选择合适的通径规;能准确完整地描述出通井的操作步骤;能够严格遵守环保要求,安全生产	70	
合计		100	

项目二　洗　井

实习目的及要求

（1）学会录取洗井操作的各项资料。
（2）掌握洗井的施工操作步骤。

视频3-2　洗井

一、洗井的概念

洗井（视频3-2）是指从地面向井筒内打入具有一定性质的洗井工作液，把井壁和油管上的结蜡、死油、铁锈、杂质等脏物混合到洗井工作液中带到地面的过程。洗井是修井的常规作业项目，在抽油机井、稠油井、注水井及结蜡严重的井施工时，一般都要洗井。

二、操作步骤

1. 施工准备

（1）基础数据、目前井内状况、施工目的及注意事项的准备。
（2）设备准备。修井机、通井机和井架能满足施工提升载荷的技术要求，运转正常；洗井泵车的最高泵压和排量满足施工设计要求。
（3）工具管柱准备。洗井进出口管线必须用硬管线连接，出口管线末端采用120°弯头；油管的规格、数量和钢级应符合施工设计要求。
（4）材料准备。准备符合要求的洗井液。

2. 选择洗井方式

根据设计要求，采用正洗井、反洗井或正反洗井交替方式进行。

3. 连接地面管线并试压

将进出口管线连接好后，试压至设计泵压的1.5倍，经5min不刺不漏为合格。

4. 下管柱

按施工设计的管柱结构要求，将洗井管柱下至预定深度。

5. 洗井

洗井开泵时应注意观察泵注压力变化，控制排量由小到大，同时注意出口返出液情况，直到洗井至符合要求。

6. 资料录取

录取洗井方式、洗井时间；记录洗井液名称、pH值、温度、添加剂、密度、化学成分、黏度及杂质含量;记录洗井参数,包括泵压、洗井深度、排量、注入液量及喷漏量;出口返出物描述、洗井化验结果分析。

三、注意事项

(1)洗井过程中,随时观察并记录泵压、排量、出口量及漏失量等数据。泵压升高、洗井不通时,应停泵及时分析原因进行处理,不得强行憋泵。

(2)洗井液必须清洁,与产出层和产出液有良好的配伍性。

(3)洗井液的相对密度、黏度等要符合施工设计要求。

(4)注水井洗井液质量符合施工设计要求。

(5)洗井以前对地面流程冲洗、试压,试压值为设计压力的1.5倍。

(6)当洗井管柱带有封隔器、通径规、刮削器等大直径工具时,必须采用反循环洗井,并反复上下活动管柱,同时注意排量、压力变化。

(7)特殊施工,如大修井、注灰井、洗井降低地温,则按施工设计要求。

(8)洗井施工应连续进行,并记录排量和压力、漏失量变化。

考核标准

检查项目	操作标准	分数	扣分
准备工作	洗井工具、用具准备齐全,劳保用品穿戴整齐	30	
操作步骤	掌握倒洗井流程;能根据施工要求正确选择合适的洗井方式;能准确完整地描述出洗井的操作步骤;能够严格遵守环保要求,安全生产	70	
合计		100	

项目三 压 井

实习目的及要求

(1)会录取压井操作的各项资料。
(2)掌握压井的施工操作步骤。

一、压井的概念

压井是修井施工中最基本、最常见的作业,是指通过从地面向井内注入密度适当的流体,使井筒里的液柱在井底造成的回压与地层压力相平衡,恢复和重建压力平衡的过程。

二、操作步骤

1. 确定压井方式

按施工设计确定合适的压井方式。

视频3-3 压井液密度测定

2. 检测

检查测量压井液性能(密度、黏度、滤失性)和数量(备足井筒容积的1.5~2.0倍),压井液性能必须达到设计要求。压井液密度测定方法如视频3-3所示。

3. 连接管线

将水泥车与进口管线连接,并将活接头上紧。倒好采油树阀门,对进口管线用清水试压。试压压力为设计工作压力的1.5倍,5min不刺不漏为合格。

4. 循环压井

泵入压井工作液。泵入过程中不得停泵,排量不低于$0.3m^3/min$,最高泵压不得超过油层吸水压力。在出口见到压井工作液时取样检测密度,当进出口的压井液密度差小于$0.02kg/m^3$且无杂物时停泵。

5. 压井结束

关闭出口阀门,稳压30min,开油、套阀门,如无溢流,则压井成功。

6. 资料录取

需要录取的资料包括压井时间、压井方式、压井深度、泵注压力、进口与出口的排量和相对密度、循环管线进口、出口压力、压井液及其他工作液名称、用途及性能参数、出口返出物描述、压井化验结果及分析。

三、注意事项

(1)施工出口管线必须用硬管线连接,不能有小于90°的急弯,在井口附近装好针型阀,并且每10~15m固定一地锚。

(2)施工进口管线必须在井口处装好单流阀(高压油气井压井时使用高压单流阀),防止天然气倒流至水泥车造成火灾事故。

(3)压井施工前,必须检查压井液性能,不符合设计要求的压井液不能使用。

(4)压井施工时,要连续施工,中途不得停泵,以防止压井液被气侵。

(5)水井作业在无特殊情况时,不可采用挤压井作业以免造成不必要的地层伤害。

(6)地面罐必须放置在距井口30~50m以外,水泥车排气管要装防火帽。

(7)在高压油气井进行压井施工时,要做好防火、防爆、防中毒、防井喷、防污染工作。

(8)压井完成后,观察(开油、套阀门观察溢流情况)5~10h,确认压稳后方可拆卸井口进行下步作业。

(9)作业过程中发生异常情况需更改压井方案时,在做好安全预防措施的同时,应及时将情况详细上报公司主管领导,由其召集有关技术人员讨论研究决定,变更方案经主管领导签字确认后实施。

考核标准

检查项目	操作标准	分数	扣分
准备工作	压井工具、用具准备齐全,按施工设计要求准备合适的压井液,劳保用品穿戴整齐	30	
操作步骤	掌握倒压井流程;能根据施工要求正确选择合适的压井方式;能完整正确地连接地面管线;能够严格遵守环保要求,安全生产	70	
合计		100	

项目四　冲　砂

实习目的及要求

(1)学会录取冲砂操作的各项资料。
(2)掌握冲砂的施工操作步骤。

一、冲砂的概念

如果井内砂面过高,掩埋油层或影响下步要下入的其他管柱,就需要冲砂施工。冲砂(视频3-4)是向井内高速注入液体,靠水力作用将井底沉砂冲散,利用液流循环上返的携带能力,将冲散的砂子带到地面的过程。

视频3-4　冲砂

二、操作步骤

1.下冲砂管柱

将冲砂笔尖接在下井的第一根油管底部,并用管钳上紧。下5根油管后,在井口装好自封封井器。

2.探砂面

当冲砂管柱下至距油层上界30m时,下放速度应小于1.2m/min,以悬重下降10~20kN时为遇砂面,连探三次。2000m以内的井深误差应小于0.3m,2000m以上的井深误差应小于0.5m。连探三次的平均深度为砂面深度。

3.连接地面管线

连接地面管线至泵车。接好冲砂施工管线后,循环洗井,观察水泥车压力表及排量的变化。循环正常后,以 0.5m/min 的速度缓慢均匀加深管柱。

4. 冲砂

接单根前,要循环洗井 10min 以上;连续冲砂超过 5 个单根后,要洗井一周方可继续下冲,直到人工井底或设计深度。

5. 冲洗

冲砂至人工井底或设计深度后,要充分循环洗井。用修井液大排量冲洗井筒 2 周,冲砂出口含砂量小于 0.2% 为合格。上提冲砂管柱,至油层顶部或原砂面 30m 以上。

6. 起管柱

停泵 4h,下放管柱探砂面,观察是否出砂,提出冲砂管柱。

7. 资料录取

需要录取的资料包括冲砂时间,冲砂方式,修井液名称、性质、液量、泵压、排量,冲砂工具名称、规格、尺寸,返出物描述、累计砂量、冲砂井段、厚度、漏失量、喷吐液量,停泵前的出口砂量,沉降时间,复探砂面深度。

三、注意事项

(1) 探砂面可用原井管柱,起出后,应核实井内管柱。

(2) 下油管进入射孔井段或预计砂面后,应控制下放速度,使下放速度小于 0.3m/min。管柱遇阻后,连探三次,拉力计(表)负荷下降 20~30kN,数据一致为砂面深度。

(3) 不准带泵、封隔器等其他井下工具探砂面和冲砂。

(4) 冲砂前油管提至离砂面 3m 以上,开泵循环正常后方可再下放管柱。

(5) 接单根前要充分循环,操作速度要快,开泵循环正常后,方可再下放管柱。

(6) 冲砂过程中应注意中途不可停泵,以免被冲起的砂下沉将冲砂管卡住或堵死。

(7) 应逐渐加深冲洗,不能太快或一次加深过多,以免使冲砂管插入砂内造成砂堵或憋泵。

(8) 泵发生故障必须停泵处理时,应提管柱至原始砂面以上,并反复活动,有条件时可转动管柱。

(9) 若提升设备发生故障不能起下管柱,必须保持正常循环。

(10) 泵车压力不得超过水龙带的安全压力。

(11) 水龙带必须拴保险绳。

(12) 非工作人员未经允许不得进入施工现场。

(13) 严重漏失井冲砂作业时可采用暂堵剂封堵,大排量连泵冲砂、泡沫冲砂等。

考核标准

检查项目	操作标准	分数	扣分
准备工作	冲砂工具、用具准备齐全,劳保用品穿戴整齐	30	
操作步骤	能够按设计要求下冲砂管柱到预定位置;能够处理冲砂过程中出现的意外情况;能完整正确地连接地面管线;能够严格遵守环保要求,安全生产	70	
合计		100	

项目五 检 泵

任务1 起下抽油杆

实习目的及要求

(1)学会抽油杆吊卡的使用方法。
(2)熟练使用抽油杆吊卡及抽油杆扳手(或600mm管钳)进行上卸抽油杆、起下抽油杆的操作。

一、起下抽油杆的概念

抽油杆上经光杆连接抽油机,下接抽油泵的柱塞,其作用是将地面抽油机悬点的往复运动传递给井下抽油泵。起抽油杆是指用吊升系统将井内的抽油杆柱提出井口,逐根卸下放在杆桥上,清洗、丈量、重新组配的过程。下抽油杆是指用吊升系统将管桥上抽油杆提起,井口工取出吊卡,扣合在欲下井的抽油杆上,均匀缓慢下放抽油杆,直至吊卡坐在井口上。

二、操作步骤

1. 起抽油杆

1)挂吊卡

井口工一手拉动吊钩,一手扶吊卡提环中部,将吊卡挂入吊钩,井口工示意小班司机缓慢上提。

2)提出抽油杆

当吊卡提离井口1m后,司钻方可加速,待提出抽油杆接箍高出井口150~200mm时刹车;井口工取下吊卡,打在井口抽油杆本体上;井口工示意小班司机缓慢下放抽油杆坐在吊卡上,卸掉负荷,刹死刹车。

3）卸扣

井口工用抽油杆液压钳卸完螺纹，示意小班司机上提。

4）下放抽油杆

小班司机缓慢提起抽油杆，待井口工递给拉抽油杆人员后，平稳下放至抽油杆桥上，按标准摆放。

5）摘吊卡

井口工摘除吊卡，示意小班司机上提，重复操作，起出井内全部杆柱。

6）资料录取

需要录取的资料包括起出抽油杆规格、根数、型号，下入井下工具名称、规格（长度、最大外径、最小内径）、型号、数量。

2. 下抽油杆

1）挂吊卡

井口工两人配合，将吊卡挂入吊钩并扶好，示意小班司机上提。

2）提单根

司机缓慢上提，场地工同步拉送抽油杆至井口交于井口工，当抽油杆尾部超过井口抽油杆上端时刹车。

3）上扣

小班司机缓慢下放，井口工扶住抽油杆对扣，井口工两人使用管钳将抽油杆上紧，场地工将抽油杆放在支架上。

4）下放抽油杆

小班司机缓慢提起杆柱，井口工取出吊卡，扣合在欲下井的抽油杆上；司钻匀速下放抽油杆，直至吊卡坐在井口上。

5）摘吊钩

井口工将吊钩从井口吊卡吊环内摘除，重复操作，直至将抽油杆下完。

6）资料录取

需要录取的资料包括下入抽油杆规格、根数、型号，下入井下工具名称、规格（长度、最大外径、最小内径）、型号、数量，管柱结构示意图。

三、注意事项

（1）起抽油杆卸防喷盒时，当防喷盒提离采油树后，一定要将防喷盒的胶皮阀门关死，使其牢固地卡在光杆上，才能进行抽油杆卸扣操作。

（2）抽油杆上卸扣时，要用专用的抽油杆扳手或600mm以下管钳，不能用600mm以上管钳,以防抽油杆螺纹变形。

(3)拉送抽油杆要平稳,精力集中,不能磕碰井口、井架。

(4)井口工应确认吊钩锁臂锁牢。

(5)抽油杆支架不应低于井口,提单根时应保证吊卡远离井口。

(6)上提单根前,井口工确认吊卡前舌扣合到位。

(7)下至最后几根抽油杆时,司钻应保持缓慢下放。

考核标准

检查项目	操作标准	分数	扣分
准备工作	工具、用具准备齐全,劳保用品穿戴整齐	30	
操作步骤	能够正确完成起抽油杆操作;能够正确完成下抽油杆操作;能够严格遵守环保要求,安全生产	70	
	合计	100	

任务2 憋泄油器

实习目的及要求

(1)掌握憋泄油器的操作方法。

(2)熟练进行憋泄油器操作,使油、套连通。

一、憋泄油器的目的

抽油井检泵时,提出抽油泵前必须把油管内的油泄掉,这个过程由泄油器完成。目前常用的泄油器有撞击式泄油器、往复式泄油器、挡板式泄油器、滑套式泄油器。

二、操作步骤

1. 压井

反压井后,起出井内全部泵杆及深井泵活塞。

2. 安采油树

上齐上紧采油树连接螺栓,以防憋泄油器时泵压太高时,采油树刺、漏。

3. 摆车

水泥车停在距井口 30m 以外的位置,避开采油树阀门丝杠。

4. 连接管线

连接水泥车与采油树油管阀门的高压管线活接头。

5. 倒流程

打开采油树油、套管阀门,并用地锚固定牢靠。

6. 憋泄油器

水泥车起泵,低挡小油门向井内注入液体,使其产生高压。若水泥车压力突然下降,套管有液体返出,证明泄油器已被憋开;否则说明未憋开,放掉压力,重复进行,直到憋开为止(室内试验发现,0.8mm厚挡板式泄油器打开压力为20MPa;1.0mm厚挡板式泄油器打开压力为33.5MPa)。

三、注意事项

(1)憋泄油器施工前,必须查清井内管柱情况,如泄油器类型、挡板厚度、抽油泵类型、油管材质,以便决定憋泄油器时的最高压力,注意最高压力应小于采油树、油管、泵的最大抗内压力。

(2)憋泄油器施工时,除施工人员外,非施工人员都要远离高压区。

(3)憋泄油器施工必须在压井和起出井内泵柱的前提下进行,套管出口不能指向车辆或施工人员,并且出口不能装任何弯头。

(4)憋泄油器施工的进口管线,必须是高压钢质硬管线,不允许用高压水龙带代替。

(5)水泥车应停在离井口30m外,泵工应做好自身安全保护工作。

考核标准

检查项目	操作标准	分数	扣分
准备工作	工具、用具准备齐全,劳保用品穿戴整齐	30	
操作步骤	会压井、安采油树、摆车、连接管线、倒流程操作;能正确完整地进行憋泄油器操作;能够严格遵守环保要求,安全生产	70	
合计		100	

任务3 地面检查深井泵密封性

实习目的及要求

(1)掌握地面检查深井泵密封性的方法。

(2)能完成深井泵密封性检查操作,准确鉴定深井泵的密封情况。

一、深井泵的认识

深井泵也称抽油泵,是有杆机械采油的一种专用设备,下在油井井筒中动液面以下一定深度,依靠抽油杆传递抽油机动力,将原油抽出地面。

深井泵的密封性关系到原油的产量,所以检查深井泵密封性作业必须认真按规程操作。

二、操作步骤

1. 试吸力法

1) 摆放深井泵

将深井泵规整地平放在油管桥上,禁止磕碰。

2) 旋转活塞

将活塞拉杆插入泵筒内,顺时针旋转,使拉杆与泵筒的活塞连接上(并且推到泵筒内)。

3) 固定固定阀

一人用一只手堵住深井泵的固定阀端。

4) 拉动活塞

另一人向外拉动活塞拉杆,使活塞向泵筒外运行,若用手堵住深井泵固定阀端的人,感觉有一定吸力,则证明深井泵密封性良好;否则说明密封性不好,需更换深井泵。

2. 灌注法

1) 摆放深井泵

将深井泵规整地平放在油管桥上,禁止磕碰。

2) 拉出活塞

将活塞拉杆插入泵筒内,从泵筒中向外拉出活塞,放在不易磕碰的地方。

3) 接短节

将长 0.4~0.6m 的油管短节接在深井泵的上面。

4) 提起

扣上吊卡后指挥通井机手缓慢提起深井泵,放入井筒中,即将吊卡坐在井口上。

5) 灌注

用水桶向泵筒中灌注清水,使水充满泵筒。

6) 下放

指挥通井机手缓慢上提深井泵,同时用棉纱将深井泵外面的水擦干净,直至将泵完全提出井口。

7) 事后观察

观察深井泵底部是否有滴漏水现象,若不漏则说明深井泵密封性完好,否则应更换深井泵。

三、注意事项

(1) 按要求穿戴好劳保用品。
(2) 在抬放深井泵时,必须轻拿轻放,而且必须平放,严禁摔、磕、碰。
(3) 在用灌注法检查深井泵密封性时,必须用棉纱将泵筒的水擦干净。
(4) 在管柱上提下放时,不可猛提猛放。

考核标准

检查项目	操作标准	分数	扣分
准备工作	工具、用具准备齐全,劳保用品穿戴整齐	30	
操作步骤	能正确运用试吸力法进行深井泵密封性检查;能正确运用灌注法进行深井泵密封性检查;能够严格遵守环保要求,安全生产	70	
合计		100	

任务 4　安装抽油机防喷盒

实习目的及要求

(1) 熟练进行安装抽油机防喷盒的操作。
(2) 能在抽油井上正确安装抽油机防喷盒,并达到质量要求标准。

一、防喷盒的认识

防喷盒(图 3-1)是保证井口密封的装置。防喷盒的安装质量关系到井口的密封性,所以井下作业工人必须按施工标准安装抽油机防喷盒。抽油机防喷盒的安装过程如视频 3-5 所示。

视频 3-5　安装抽油机防喷盒

图 3-1　防喷盒示意图

二、操作步骤

1. 拆卸

准确地解体防喷盒,卸开抽油机防喷盒密封填料上的压盖,取出其中的胶皮密封填料,再卸开防喷盒的防喷帽,取出上压帽、密封填料、弹簧及下压帽,再用管钳卸开下密封座,取出内部的密封填料及压帽,按次序排好并将各部件依次摆开,合理放置。

2. 准备防喷盒胶皮密封填料

胶皮密封填料倾斜于平面,用钢锯锯开一个斜的切口。切密封填料呈30°~45°,切口要顺时针方向。

3. 安装

用光杆没有接头的一端,依次穿过胶皮阀门、抽油杆防喷盒各部件,将密封胶皮用手掰开放入各部压帽下边,按数量要求装够。安装胶皮密封填料时应在安装胶皮密封填料的切口错开,每个密封填料的切口一定要错开120°~180°。按照顺序组装防喷盒,抹上密封脂。

4. 连接

用手将穿在光杆上的胶皮阀门及防喷盒各部件连接螺纹依次抹好螺纹脂对扣连接,并拧紧胶皮阀门两个手轮,在光杆无接头的一端约10cm处卡上一个方卡子,卡紧卡牢。

5. 下井

将抽油杆吊卡卡在刚卡好的光杆方卡子下面,把光杆提起与下入井内的抽油杆接箍对好,用抽油杆扳手上紧。然后,将胶皮阀门两个手轮开到头,上提抽油杆,撤去井口上的抽油杆吊卡,下放光杆使泵内的活塞接触泵底。

6. 紧固

将井口与防喷盒各部位适当上紧。

7. 施工结束

依次将井口与胶皮阀门、胶皮阀门与防喷盒各连接部件螺纹用管钳适当上紧,抽油机防喷盒安装工作结束。

三、注意事项

(1)操作人员必须穿戴好劳保用品。
(2)注意防喷盒件多为铸铁,因此,上扣时注意不能过紧,以防挤裂。
(3)注意在放置密封填料时,应错开切口位置。

(4)在光杆上方卡子,吊装在井口的抽油杆上。

(5)将胶皮阀门接在采油树上,并用管钳将各部件连接螺纹上紧。

**考核标准**

检查项目	操作标准	分数	扣分
准备工作	工具、用具准备齐全,劳保用品穿戴整齐	30	
操作步骤	能准确解体防喷盒;各部件位置摆放合理;会用钢锯将胶皮密封填料锯开一个合适的切口;能准确安装胶皮密封填料;会按正确顺序组装防喷盒,涂上密封脂;能够严格遵守环保要求,安全生产	70	
合计		100	

任务5　用通井机调防冲距

实习目的及要求

正确使用通井机调整深井泵防冲距。

一、防冲距的概念

抽油杆在工作中,由于受自重、油管内液体和惯性力的作用,要产生一定长度的伸缩。为保证深井泵在工作中,活塞不与固定阀相碰撞,而将光杆上提一定高度,这段高度就称为防冲距。

视频3-6　调防冲距

二、操作步骤

调防冲距的方法如视频3-6所示。

1. 确定防冲距高度

停机断电源,施工前落实泵挂深度,根据泵挂深度确定好防冲距。一般原则是每100m泵挂深度其防冲距为5～10cm。

2. 探泵底,做记号

用通井机缓慢下放光杆,使深井泵活塞与深井泵固定阀接触。接触时拉力表稍有显示即可在与防喷盒平齐位置的光杆上做记号。

3. 卡方卡子

将光杆缓慢上提到确定的防冲距高度,在防喷盒上卡好方卡子。

4. 试抽

利用提升设备缓慢试提一个行程,若试抽合格,下放光杆,使方卡子坐在防喷盒上。

5. 卸方卡子

取掉吊卡,卸掉上部方卡子。

6. 挂悬绳器

矫正驴头,启动抽油机使驴头处于下死点,并将悬绳器从光杆顶端穿入,卡好方卡子。

7. 启动抽油机

启动抽油机试抽,不挂不碰为合格。

8. 施工结束

防冲距高度调节完毕,恢复原来状况。将有关数据填入报表。

三、注意事项

(1) 作业人员必须穿戴好劳保用品。
(2) 方卡子以下的光杆与悬挂绳之间部位不许用手抓,防止卡断手指。
(3) 卡方卡子时,方卡子牙一定要朝上,以免卡反滑脱造成事故。
(4) 用提升设备下放活塞碰泵底时,严禁猛提猛放,以防损坏深井泵。
(5) 要有专人负责刹车。

 **考核标准**

检查项目	操作标准	分数	扣分
准备工作	工具、用具准备齐全,劳保用品穿戴整齐	30	
操作步骤	会确定防冲距高度;会卸方卡子、挂悬绳器;能够严格遵守环保要求,安全生产	70	
	合计	100	

任务6 碰 泵

 实习目的及要求

(1) 会利用抽油机进行碰泵操作。
(2) 掌握碰泵的操作步骤。

一、碰泵的目的

碰泵是在采油生产过程中,油井日常维护、出现故障时所采用的一种措施。油井在生产过程中经常出现固定阀、游动阀被蜡、砂、垢黏附,造成泵漏失产量下降或阀失灵不出油的情况,通过碰泵可以消除阀球所黏附的脏东西,使油井恢复正常生产。

二、操作步骤

1. 核实位置

核实油井原防冲距,计算碰泵预调的位置应下放多少。

2. 停抽油机

将驴头停在近下死点 30cm 处,将刹车刹死。

3. 准备起光杆

将方卡子放在密封盒上,卡紧光杆。

4. 起抽油机

松开刹车、盘抽油机 1~2 圈,卸掉驴头负荷后,再将刹车刹死。

5. 标记

在光杆上做好记号,记下原方卡子的位置。松开悬绳器上的卡子,挪到原防冲距以上 100~200mm,重新卡好方卡子。

6. 卸方卡子

缓慢松开刹车,使驴头吃上负荷,卸掉密封盒上的方卡子。

7. 碰击

盘动抽油机,使活塞与固定阀罩碰击 3~5 次。

8. 施工结束

碰泵后恢复原来状况,用扁锉打掉光杆上的毛刺,启动抽油机。将有关数据填入报表。

三、注意事项

(1)操作者必须穿戴好劳保用品。
(2)操作电器设备时,必须戴绝缘手套,人的身体和面部不能正对开关箱。
(3)启动抽油机时利用平衡块惯性二次启动。
(4)按操作规程正确使用工具、用具,操作要平稳,防止打滑,避免敲击和碰撞。

(5)碰泵时悬绳器上的方卡子要卡紧,不能松动。
(6)防冲距要达到标准要求。
(7)操作人员必须配合默契。
(8)若碰泵是要在光杆密封盒处检查密封情况,碰泵次数不能过多,3~5次为宜。
(9)凡带有脱接器的井,不能碰泵。
(10)碰泵后防冲距要合适。
(11)不能直接接触抽油机转动部位,避免机械绞伤和夹伤。
(12)操作结束后,必须确认观察运转正常后方可离开。

**考核标准**

检查项目	操作标准	分数	扣分
准备工作	工具、用具准备齐全,劳保用品穿戴整齐	30	
操作步骤	会计算碰泵预调的位置;能完成卸方卡子、碰泵操作;能够严格遵守环保要求,安全生产	70	
合计		100	

情境四 常规作业

常规作业是井下作业工人按照常规工作程序或规程进行的日常作业内容。常规作业施工内容主要由完井工艺、试油工艺、常规工艺、增产工艺四部分组成。学生通过在井下作业仿真模拟中心训练和在井下作业实训基地的实际操作，了解各种常规作业的施工工序，会进行油井常规作业操作。

项目一 完井工艺

任务1 射　　孔

实习目的及要求

(1)了解射孔作业的目的及要求。
(2)能按照施工设计进行射孔施工准备。
(3)掌握射孔的施工操作步骤及注意事项。
(4)学会录取射孔作业的各项资料。

一、射孔的认识

视频4-1　射孔

射孔就是根据开发方案的要求，采用专门的油井射孔器穿透目的层部位的套管壁及水泥环阻隔，连通目的层至套管内井筒。射孔的目的主要是试油、采油、采气、补挤水泥或注水等。射孔的过程如视频4-1所示。

二、操作步骤

1. 井口安装

小队长接收射孔通知单，落实井位和行车路线，了解施工井的情况，分配各岗施工任务；井口工负责指挥绞车对正井口，并安装井口，组装天地滑轮，接好磁性定位器；司机负责打好掩木；装炮工负责现场装炮；仪器操作员负责接线、校验仪器、编写套管表和施工表等，并按照装炮单上的顺序将枪身的孔数、米数、下井次数写好，交给装炮工和井口工各一份。

2. 下射孔管柱

装炮工将装好的枪身抬至井口，井口工用磁性定位器挂好枪身后，将枪身下至井口，指挥绞车司机停车,将点火线对地放电后与枪身连接好,通知绞车司机对零后下井,仪器操作员同时开始跟踪深度,并随时观察井下枪身运行情况,防止遇阻等情况发生。

3. 测量定位

当枪身下至套管短节上一根套管附近时,仪器操作员通知绞车司机停车,使仪器进入测量界面,绞车司机下放电缆进行深度对正,对准套管短节深度后,重新进入测量界面,从套管短节开始对深,一直跟踪测量到第一次射孔井段的标准接箍下方2~3m,停车。

4. 审核起爆

仪器操作员根据施工表的要求选炮,选准第一次射孔的标准接箍和上提值,然后重新进入测量界面,通知绞车司机上提点火;当深度到达所选标准接箍时,上提值开始触发;到上提值回零时通知绞车司机停车,队长、正副操作员分别对所选标准接箍、上提值、枪身次数和米数进行核对;确认无误后,队长下令,操作员将点火线与仪器接好,地面点火面板通电进行点火。

5. 标记

点火完毕后,操作员通知绞车司机继续上起电缆测量,测到下一次射孔的标准接箍位置上面的3根套管的上接箍上方2~3m处,停车,在电缆上靠近绞车滚筒附近扎好明显记号;然后通知绞车司机快速上起电缆至井口。一次电缆施工完毕,再按照上面步骤进行下面的施工,直至整个射孔施工完毕。

6. 特殊情况处理

1) 井口溢流和井喷事故

射孔施工作业过程中,发生井口溢流现象时,应上提电缆,将井下仪器和枪身起出井口,停止施工。发生强烈井喷时,应立即同作业队协商,采取关闭防喷阀门、切断电缆等措施,停止施工。

射孔资料经检验不合格、射孔发射率低时,由小队长负责组织返工,直到取得合格资料或施工达到规定的标准要求。

2) 遇阻或遇卡事故

发生遇阻或遇卡事故时,通知作业队并说明情况,停止施工。枪身发生工程遇卡时,应停止施工,向分公司调度汇报,等待处理措施。

3) 其他事故

发生误射孔事故时,施工小队立即停止施工,返回并向上级汇报。发生地面爆炸事故时,首先抢救受伤人员,同时立即报告公司应急办公室。施工队伍应严格执行 Q/CNPC 47—2001 的规定。

施工上提挂挡,由于接箍信号幅度小没有触发或干扰信号较大挂错时,需重新退出测量界面,将电缆下至初次停车位置,重新选炮,重新挂挡点火。

由于干扰信号较大挂错挡时,如果离正确的标准接箍的距离仍够的话,将挂挡消掉,到达标准接箍时,仪器自动重新挂挡。

由于组装原因、器材原因等造成枪身未起爆时,可按照"标记"步骤在电缆扎好明显记号后,将枪身起出井口进行检查,然后重新下井进行射孔。若该井由于人工井底等原因使标准接箍无法正常测出而口袋还够,可以采用下放射孔。

7. 收尾

施工全部结束后,施工小队与作业队配合,安全拆卸井口装置,清洁仪器车、绞车及周围场地。施工人员要根据测井解释综合图、固井质量评价解释图、射孔通知单仔细填写跟踪射孔原始记录表(表4-1)。施工队处填写作业队的队号,地质员处为作业队人员签字;施工简况处由测井小队队长、操作员签字。整理资料,入柜锁好。

表4-1 _____井跟踪射孔原始记录表

地区:_____   井别:_____   井段:_____

炮序	射孔井段 m		厚度 m	设计孔数 m	标准接箍厚度 m	上提数 m	下放数 m	实发孔数
	底孔	顶空						
井液	套管内径		壁厚	层数	炮数		孔数	孔密 孔/米
弹型	枪型		来单单位	射孔零长	设计		校对	审核

施工队:		地质员:		设计日期	年 月 日
施工简况	队长	操作员		施工日期	年 月 日
资料验收	资料等级:	验收员:		验收日期	年 月 日

8. 资料录取

录取井段、层位、层号、射开米数、校正值、固标差、油层上下套管接箍位置、后磁井段、后磁显示、盲孔对准率、涨径率、射孔后井口显示情况、射孔三联单等数据。

三、注意事项

(1)射孔深度误差应小于20cm,不破坏水泥环。

(2)测得的套管长度与原图所标长度误差应小于10cm,点火时的上提值在记录纸上的读数不得大于实际值5cm。

(3)不准在运行的滚筒、电缆、滑轮上作业。井架上面有人工作时,井口3m以内不许站人。

(4)电缆零点或记号对零必须准确无误,误差不得超过2cm。
(5)不论采用何种定位方法点火,深度表指示数据与施工表数据都应吻合,误差不得超过3cm。
(6)电缆头应留有弱点,在井下发生遇卡时,其最大拉力不许超过电缆拉断力的一半。
(7)电缆运行时,绞车岗、井口岗不得离人。
(8)绞车岗在枪身起吊过程中要听从井口岗指挥,定位时听从仪器操作岗指挥。点火时必须上提对零,一次没有对准应下过0.5m以上,再重新上提对零。
(9)起电缆时绞车后严禁站人。
(10)记录曲线中的接箍幅度为2~7cm,各曲线不重叠,主副尖峰清晰可辨。在一条完整的曲线记录中,必须连续测量,中途不得停车和调整仪器放大倍数。
(11)施工后填写的各项施工资料必须做到数据准确、真实、齐全、清洁无涂改。
(12)施工后各类爆炸器材应如数交回,不得私自在井场销毁爆炸器材或转送他人。

考核标准

检查项目	操作标准	分数	扣分
准备工作	工具、用具准备齐全,劳保用品穿戴整齐	30	
操作步骤	能够处理特殊事故情况;会填写跟踪射孔原始记录表;能够严格遵守环保要求,安全生产	70	
合计		100	

任务2 防 砂

实习目的及要求

(1)了解防砂作业的目的及要求。
(2)能按照施工设计进行施工准备。
(3)掌握丢手砾石金属绕丝筛管防砂的施工操作步骤及注意事项。
(4)学会录取防砂作业的各项资料。

一、防砂的概念

防砂是指在采油过程中针对油层及油井条件,正确选择固井、完井方式,制订合理的开采措施,控制生产压差,限制渗流速度防止砂堵。

二、操作步骤

下面以丢手砾石(兰州砂)金属绕丝筛管防砂为例介绍防砂施工操作步骤。

1. 压井

选择适当密度的压井液压井。

2. 探砂面

起出井内原生产管柱,将油管清洗干净。准确丈量、核对,计算油管长度,下油管探砂面,砂面至油层以下 3~5m 的位置为合格。若砂面过高,则接好冲砂管线,冲至油层以下 3~5m 的位置;若砂面过低,则填砂至油层以下 3~5m 的位置。

3. 通井

起出井内冲砂管柱,下小于井内套管内径 6~8mm 的通径规通至油层以下 3~5m。

4. 下防砂管柱

起出井内通井管柱,按设计要求,按顺序依次下入丝堵+3~5 个油管短节+扶正器+反扣接头+丢手+油管至设计预定位置。

5. 洗井

装采油树井口,顶紧四条顶丝,接反循环洗井管线,用与井内同密度的压井液反循环洗井,至泵压、排量正常后停泵;将管线倒成正循环管线,正憋压 8~15MPa 丢手,压力突然下降,套管出口出液即可停泵。

6. 填砂前准备

卸掉采油树,上提油管 2~3m 后,再缓慢地探清鱼顶深度并记录。起出油管 3 根,待填砂。装好采油树井口。

7. 挤压填砂施工

按设计要求配置足量填砂液、2% KCl 溶液和 2% 聚季胺溶液,并备好足量的石英砂(粒径 0.5~0.8mm)以及清水。

8. 接管线

摆车,接正循环填砂施工管线;开采油树进口生产阀门和套管出口阀门,关闭采油树其他所有阀门。

9. 试压

启动各水泥车循环泵,正常后,指示一台水泥车缓慢向管线内打入清水试压 30MPa,不刺不漏为合格。

10. 正替溶液

指示井口操作人员用 600mm 管钳开总阀门放压,正替一倍井筒容积的 KCl 溶液。停泵,关套管阀门,正挤聚季胺溶液,并调整排量至 3000m³/3min。

11. 正挤携砂液

正挤浓度 10%～15% CMC 携砂液（排量 2500m³/3min），同时加兰州砂，直至加完设计砂量。

12. 正挤顶替液

正挤顶替液（清水），用量为油管容积+油管至鱼顶之间的套管容积，之后停泵。开套管阀门，清水正循环洗井一周以上停泵。关井 4h，卸开井口，加深油管探砂面，砂面以埋住鱼顶为合格。

13. 下打捞管柱

起出填砂管柱，下丝堵打捞筒至砂面以上 5m 左右。接反循环冲砂管线，冲至鱼顶后，大排量反循环彻底洗井。

14. 起打捞管柱

缓慢下放油管，并使用管钳正转油管对扣。对扣后，继续正转油管使其在丝堵下反扣接头处倒开，起出打捞管柱。

15. 下密封皮碗

下密封皮碗至鱼顶，接正循环洗井管线，开泵正洗井。指挥通井机手缓慢下放油管，边冲洗边加压 10kN 左右停泵。指挥通井机手缓慢上提管柱，负荷超过原悬重 5～10kN 时，证明已对上扣。下入油管，卸掉冲洗管线，向油管内投一钢球，等 30min 球入座。接正憋压管线，正憋压 8～10MPa，憋掉丢手，停泵。将管线倒成反洗井管线，开泵反洗井，将球洗出后，换下生产管柱。

16. 资料录取

需要录取的资料包括防砂方法，管柱结构及深度（包括下井工具名称、尺寸、深度），层位，井段，支撑剂名称、用量、规格，黏结剂名称、用量、特性，添加剂名称、用量、特性，泵压，泵排量，含砂比，前置排量，携砂排量，顶替排量，平衡排量，平衡车泵压，反洗液名称，反洗泵压，反洗深度，洗出砂量，候凝深度，候凝时间，探砂面方式，探砂面情况等。

三、注意事项

(1) 在起冲砂管柱和通井管柱时，必须边起边灌水，保证井筒液面在井口，以免地层出砂造成砂面上升，使筛管不能就位。
(2) 充填砾石（兰州砂）过程中，随时观察泵压、排量变化，出现憋泵现象立即倒管线反洗井。
(3) 在打捞丝堵时，对扣操作要平稳，严防顿坏鱼顶。
(4) 若防砂油层井段底界至井底的距离较长，不易采用填砂的方法，可采用注水泥塞的方法，将水泥塞注在防砂层以下 5m 位置。
(5) 起钻过程中，操作要平稳，防止顿坏井口。

考核标准

检查项目	操作标准	分数	扣分
准备工作	工具、用具准备齐全,劳保用品穿戴整齐	30	
操作步骤	能够按施工设计要求正确组配管柱;能够正确连接好地面施工管线并倒好流程;能按施工设计要求完成正替溶液、正挤携砂液、正挤顶替液等操作;会按设计要求把打捞管柱下到预定位置,完成打捞操作;能够严格遵守环保要求,安全生产	70	
合计		100	

项目二 试 油 工 艺

任务1 替 喷

实习目的及要求

(1)了解替喷作业的目的及要求。
(2)能按照施工设计进行施工准备。
(3)掌握替喷作业的施工操作步骤及注意事项。
(4)学会录取替喷作业的各项资料。

一、替喷的概念

1. 一次替喷

一次替喷(视频4-2)是用低密度压井液置换井内高密度压井液,降低井底液柱压力的施工方法。一次替喷一般是用清水一次替出井内钻井液,适用于射孔前或低压力、低产量的油气井。

2. 二次替喷

二次替喷(视频4-3)是用低密度压井液先将油层以下的高密度压井液替换出来,然后上提管柱至油层中上部,最后用低密度压井液替换出井内全部高密度压井液,从而降低井底液柱压力的施工方法。二次替喷既能降低井内液柱压力,又能保证安全上起油管,适用于裸眼井、高压油气井。

视频4-2 一次替喷

视频4-3 二次替喷

二、操作步骤

1. 一次替喷

1）下替喷管柱

替喷管柱深度要下至人工井底以上1～2m，注意下至距人工井底100m时控制管柱的下入速度不超过5m/min，以免井内压井工作液沉淀物堵塞管柱。

2）接管线

连接正替喷管线，试压合格。

3）替喷

打开装有替喷液的30m³储液罐阀门，开泵，向井内正替清水，同时计量替入量。注意启动压力不得超过油层吸水压力，排量不低于0.5m³/min。替完设计量后，停泵。

4）起替喷管柱

起出井内所有油管及全部下井工具。

5）施工结束

观察出口返出液情况，若无自喷显示，立即卸开管线，卸掉井口上法兰。按设计要求上提油管，完成试油（生产）管柱。

6）资料录取

需要录取的资料包括替喷时间，替喷方式，泵压，排量，替喷液名称、性能、用量，出口介质描述（返出物的性质、数量及变化情况），替喷管柱结构及深度，完成管柱结构及深度。

2. 二次替喷

1）下管柱

下油管完成替喷管柱，若油层口袋较短（长度在100m以内），则将管柱完成在距井底1.5～2m的位置；若口袋在100m以上，可将管柱完成在油层底界以下30～50m的位置。装好井口。

2）接管线

接正替喷管线。

3)替低密度压井液

开泵向井内正替入低密度压井液,同时计量替入量。

4)顶替

用与原井性质相同的压井液将替入的低密度压井液顶替至井底平衡位置。

5)拆井口

观察出口无自喷显示时,拆井口。

6)起油管

完成至油层中上部。

7)替喷

装井口,用低密度压井液替换出井内高密度压井液。

8)资料录取

需要录取的资料包括替喷时间、替喷方式、泵压、排量、替喷液名称、性能、用量、出口介质描述(返出物的性质、数量及变化情况)、替喷管柱结构及深度、完成管柱结构及深度。

三、注意事项

(1)施工进出口必须连接硬管线,并固定牢靠。

(2)进口管线要安装单流阀,并试压合格。

(3)替喷作业前要先放压,并采用正替喷方式。

(4)替喷过程中,要注意观察出口返液情况,并做好防喷工作。

(5)要准确计量进出口液量。

(6)替喷所用清水不少于井筒容积的1.5倍。

(7)施工要连续进行,中途不得停泵。

(8)防止将压井液挤入地层,污染地层。

(9)制订好防井喷、防火灾、防中毒的措施。

(10)如果替不通,则应上提油管分段替,严禁硬憋将压井液顶入油层。

(11)替喷用液必须清洁,计量池、罐干净,无泥沙等脏物。

考核标准

检查项目	操作标准	分数	扣分
准备工作	工具、用具准备齐全,劳保用品穿戴整齐	30	
操作步骤	能够正确连接替喷管线,管线无渗漏;能够准确向井内正注设计要求的清水并计量替入量;上提管柱时管柱完成在油层顶界以上10~15m;能够严格遵守环保要求,安全生产	70	
合计		100	

任务2 气举排液

 实习目的及要求

(1)了解气举排液作业的目的及要求。
(2)能按照施工设计进行施工准备。
(3)掌握气举排液作业的施工操作步骤及注意事项。
(4)学会录取气举排液作业的各项资料。

一、气举排液的概念

气举排液是指利用压缩机向油管或套管内注入压缩气体,使井中液体从套管或油管中排出。该方法的优点是比抽汲排液效率高,可以大大提高试油速度。但由于井内降压速度快,因此该方法只适用于油层岩石胶结坚实的砂岩或碳酸盐岩油井的排液。对于一些胶结疏松的砂岩,要控制好气举深度和气举排液速度,以免因破坏油层结构而出砂。

二、操作步骤

下面以光油管管柱气举为例说明气举排液的施工操作步骤。

1. 连接地面管线

首先接气举进出口管线,套管进,油管出(进口管线必须装单流阀)。套管另一侧阀门装好适当量程的压力表。开采油树出口管线的油管生产阀门及总阀门,关采油树其他所有阀门。

2. 试压

进行气举管线试压,试压压力为工作压力的1.5倍,稳压5min不刺不漏为合格。如管线试压刺漏,应立即停压风机,放压,查明原因处理后,再进行试压至合格。

3. 气举

开采油树套管阀门,反气举至设计压力(或出口有明显喷势)时停止气举。

4. 接放气管线

关套管阀门和油管生产阀门,卸掉反气举管线,将油嘴装在采油树套管阀门上,接好放气管线。

5. 气举结束

用油嘴控制放气(一般选用2mm油嘴,放气速度控制在每小时压降为0.5~1.0MPa),直至套压降为零。关好油管、套管阀门。

6. 施工结束

放完气后,用钢板尺测量罐内被排出的液量。

7. 资料录取

需要录取的资料包括气举时间、方式、气举介质及用量,气举压力,管柱结构及深度,放喷出口排出油水量及液体性质,返出液量,液体性质变化及液体化验分析资料,放喷油嘴、油管、套管压力。

三、注意事项

(1)设备要停在井口上风处,距井口和计量罐的距离要超过20m。
(2)进、出口管线必须使用硬管线,并固定牢靠,出口不允许接90°死弯头。
(3)气举施工前必须先放掉井筒内气体,使用氮气作为介质。
(4)在作业过程中采油树及管线必须保持严密不漏。
(5)气举施工中若出现管线刺漏现象,应停压风机,关套管阀门,待压力放净后再处理。
(6)气举时人要离开高压管线10m以外。
(7)气举过程中,要注意观察出口返液情况,并做好防喷工作。
(8)气举完工后必须放尽油套环形空间的气体后,才能关井或开井求产。
(9)套管放压时,必须控制速度,防止激活地层,造成出砂。

考核标准

检查项目	操作标准	分数	扣分
准备工作	工具、用具准备齐全,劳保用品穿戴整齐	30	
操作步骤	能够正确连接地面管线,保证气体从套管进、油管出,进口管线安装单流阀;能够正确完成放气操作,放气时出口管线不允许接90°死弯头,要用油嘴或针型阀控制放气速度;熟练掌握气举管线试压操作;能够严格遵守环保要求,安全生产	70	
合计		100	

任务3　抽汲排液

实习目的及要求

(1)了解抽汲排液作业的目的及要求。
(2)能按照施工设计进行施工准备。
(3)掌握抽汲排液作业的施工操作步骤及注意事项。

(4)会录取抽汲排液作业的各项资料。

一、抽汲排液的概念

抽汲排液是指利用专用工具通过降低井筒液柱高度,达到降低井底压力,从而实现诱导油流的目的。抽汲排液适用于油质不太稠、能使抽子顺利起下的出油井或油水同出的井,其动液面应在1600~1700m以上,且供液较充足。抽汲时要适当控制井底回压,既要解除钻井、固井、射孔等作业对地层造成的伤害,又不能使疏松、易出砂的油层大量出砂。

二、操作步骤

1. 地面组装

将水力式抽子压帽卸开,装上抽汲胶皮,再装上压帽压紧。用游标卡尺测量安装在抽子(图4-1)上的抽汲胶皮外径,其外径为59.5~60mm视为合格。将安装好抽汲胶皮的抽子,挂在加重杆上。

图4-1 抽子

2. 连接地面管线

用油管从采油树油管阀门至$13m^3$储液罐接一条排液管线(若油井压力较高,应将管线用地锚固定)。

3. 下抽子

将抽子对好井口,缓慢下入井中,安装好防喷盒,并砸紧活接头。指挥通井机手将抽子以不大于2m/s的速度下放至井内液面以下150~200m。

4. 上提排液

指挥通井机手以大于3m/s(4挡)的速度上提抽子排液。上提过程中,通井机手及操作人员必须注意观察井口,当抽汲绳上第一组信号出现时,应减速上提;第二组信号出现时,要缓慢上提;第三组信号出现时,要停止上提。

5. 施工结束

砸开防喷盒,将抽子连同防喷盒提起,检查抽子及加重杆和绳帽。如果无异常现象,可转为正常抽汲排液。

6. 资料录取

需要录取的资料包括抽汲方式,抽子规格、型号,动力设备,管柱结构、深度,抽汲次数、深度,抽出液量及动液面,抽汲时间,恢复时间,周期时间,计量池底面积,液面起始高度,抽出油、水产量及累计油水量,液体性质,原油含水率,含砂量,水性质(pH值、氯离子含量)。

三、注意事项

（1）抽汲过程中任何人不得靠近和跨越抽汲绳。
（2）遇有抽汲钢丝绳打扭时，不能直接破扭，应用木棒破扭。
（3）下放抽子中途，如抽汲绳打扭，必须先将钢丝绳地面或防喷盒处用绳卡固定死，才可破扭。
（4）夜间抽汲要有足够的照明设备，至少配备四个探照灯。
（5）发现井喷时，应以最快速度将抽子提出井口，关上清蜡阀门。
（6）上提抽子中途无特殊情况不得停抽。
（7）每抽4～5次应检查或更换一次抽汲胶皮。
（8）对高压油气井，每抽2～3次停一段时间，观察液面上升情况，发现有喷势，将抽子起出，关清蜡阀门。
（9）抽子沉没度一般为液面下300m左右，最大不超过500m；易出砂的井不超过300m，且应根据出砂情况减小抽汲强度。
（10）地面指挥人员与通井机手配合要密切，抽汲过程中注意抽汲绳记号。

 **考核标准**

检查项目	操作标准	分数	扣分
准备工作	工具、用具准备齐全，劳保用品穿戴整齐	30	
操作步骤	能够正确完成地面设备的组装；能够准确标记抽汲记号；能够准确计量抽汲量；能够严格遵守环保要求，安全生产	70	
合计		100	

任务4　常规地层测试

 实习目的及要求

（1）了解地层测试的目的。
（2）能按照施工设计进行施工准备。
（3）掌握常规地层测试的施工操作步骤及注意事项。
（4）学会录取常规地层测试的各项资料。

一、地层测试的认识

地层测试也称为钻杆测试、中途测试，是指在钻井过程中发现油气显示后，立即停止钻进，起出钻头，利用钻杆将地层测验器下到目的层顶部，封隔目的层以上的地层，利用钻杆进行试油，求取各项资料。其原理就是降低井内液柱压力，诱导出油气流。

地层测试的目的是及时验证地层中是否产油气及产油气的能力,探明油气藏边界、油水边界、气水边界及油藏类型,提供计算油气地质储量所必需的部分参数,了解固井质量,探测套管损坏及管外窜槽情况等。

按测试方式的不同,地层测试可以分为常规地层测试、跨隔测试和联合作业测试等。常规地层测试是最简单的一种地层测试,封隔器下部只有一个测试层。跨隔测试则是在一口井有多层的情况下对其中的某一层进行测试,因此,必须下两个或两组封隔器将测试层上部和下部都隔开。常规地层测试包括常规钻杆测试和电缆地面直读测试两种。

二、操作步骤

1. 常规钻杆测试

1) 下测试管柱

下管柱前要先对井下压力记录仪和温度计进行检查。装好压力卡片,上满时钟,划好基线,证实时钟正常运转后再装入托筒内。

在测试管柱下井的过程中操作要平稳,不允许猛刹猛放,比平常下钻速度要慢,一般单根下放速度为40根/h,立柱或双根下放速度为30柱/h,并要保证管柱的密封。如果有遇阻现象,立即上提管柱,再慢慢下放,直至不遇阻为止。这是因为当遇阻时多流测试器处于压缩状态,很可能打开测试阀,所以要立即上提管柱。

下钻过程中要始终注意观察环空返出液体情况有无变化及测试管柱内是否有气体溢出。环空不返液体和测试管柱内出气严重是测试管窜漏的显示,一旦发现应立即起钻,查明原因之后再下钻。

要记录测试器以下工具的重量、慢慢上提和慢慢下放整个管柱的重量,便于核算自由点。自由点是指上提测试管柱时指重表上悬重不增加的那个读数,可通过理论计算得出。

2) 装地面流程控制装置

下测试管柱至最后一个单根之前,将投杆器、控制头、活动管汇接在单根上,再与测试管柱连接。下至预定井深或井底后,上提1~2m,将活动管汇与钻台管汇连接好,钻台管汇与显示头、防喷管线连接好,并检查所有管汇、分离器、计量装置上的每个阀门,保证处于工作状态。

3) 进行封隔器坐封计算

靠上提、下放测试管柱来操作和控制坐封时,计算理论自由点悬重;对于膨胀式封隔器测试系统,则计算旋转钻具的时间。

4) 坐封封隔器

测试管柱下至设计深度时坐封封隔器。封隔器坐封后,应密切观察环空液面变化。若液面迅速下降,表明坐封不平,应立即上提管柱关闭测试阀,环空灌钻井液或压井液,查明原因并排除后再下测试管柱,重新坐封。

5) 开井流动及关井测压

封隔器坐封后,即可承受上方管柱的重量,并加到多流测试器上。延时一段时间之后,管柱突然下落25.4mm，测试阀打开，地层液体经筛管和测试器流入油管内，实现开井流动测试。从测试管汇泡头处可观察到开井显示，只要被测试层不是干层，都能见到气泡由小变大。

测试期间要密切注视环空液面是否急剧下降，如出现此情况，表明封隔器未坐封好，必须立即上提管柱，关闭测试阀，以免发生井下事故。还要观察显示头的冒泡情况，准确记录流至地面的油、气、水量。

上提管柱，并注意观察自由点的出现，再下放管柱加至原坐封封隔器的压缩负荷，在多流测试器换位机构控制作用下，测试阀关闭，实现关井测压过程，并把流动结束时的地层流体收集在多流测试器的取样器内，压力计记录压力恢复曲线。按照设计要求，重复上述过程，即可进行多次流动和关井。

测试的开关井次数及开关井时间的分配称为测试制度，它是根据测试类型、测试层的地质情况以及录取资料的要求确定的。

6) 解封

关井结束后，上提管柱的悬重略高于测试管柱在井筒的重力与回收地层液的重力之和即可解封封隔器，保持5~10min，在记录卡片上记录下静液柱压力（这一数据是检验是否漏失及验收测试卡片是否合格的依据之一），同时也使旁通阀打开、平衡封隔器上下压力、安全密封在无压力差的作用而恢复为下井时的状态，使封隔器的橡胶筒收缩。此时，多流测试器测试阀仍然关闭，取样器内仍然装着流动结束时收集的地层流体样品，然后才顺序起出下井测试管柱。

如果整个测试管柱均充满回收的地层流体（油、气、水和钻井液），可投棒砸开反循环阀或憋开反循环阀，反洗出测试管柱内的回收物（扣除所加液垫）并经地面流动控制装置和计量装置进行计量，作为宏观上确定被测试层段产液性质的重要依据。

如果回收的地层流体未充满测试管柱，可以先卸掉控制头所在的那根钻杆或油管，然后起出井眼里的测试管柱，直至见到液面时再接上控制头进行反循环。也可按前述步骤先进行循环，然后起钻。

7) 起出测试管柱和拆卸工具

起出测试管柱时，严禁转动井内管柱，同时要经常观察环空液面，做到边起钻边补充钻井液或压井液，防止井喷和井壁坍塌。起至测试工具时，要认真检查其外表，并按需要拧松螺纹，卸下测试工具。当取样器起至井口时，应立即进行现场取样，并对样品进行初步测定。起出压力记录仪后要立即取出压力卡片进行现场鉴别，进行初审，判断测试是否成功，并填写测试现场报告。

8) 现场取样

现场取样包括地面取样、反循环回收物取样、取样器取样。

(1) 自喷流动或反循环时，地面取样三个，取样器取样一个。

(2) 天然气层测试时，待产量稳定后取气样三个，取样器取样一个。

(3) 回收液为地层水时，见液面取样三个，中部取样三个，多流测试器上部取样三个，取样器取样一个。

(4) 需要时作高压物性转样。

9) 压力计卡片标注

压力计卡片标注井号、测试次数、测试井段、压力计编号及量程、压力计类别、最高温度、计时器号及量程、测试日期等数据。

10) 读压力卡片

读出压力卡片上所有基本点(即起下管柱、开井关井的起始点和终结点、基线等)的压力值。

2. 电缆地面直读测试

1) 通井

下入电缆工具之前,应先进行通井,确保管柱内畅通无阻。

2) 摆车

试井车(橇装设备)应停放在距离井口20m以外的位置,并处在侧风或上风方向,使电缆滚筒对正口。

3) 安装防喷器

安装井口防喷装置,按设计工作压力试压,并稳压30min。

4) 安装电缆指重表传感器(不包括轴压式)和地面滑轮

电缆在正常起下时,地滑轮处电缆角应为90°。

5) 下电缆

测补心差,调整计数器,并在滚筒或电缆上作一个记号,然后下放电缆测试工具,启动供电设备,使计算机、电子压力计进入工作状态。下放电缆最大速度不大于50m/min,每下放300m应停1min。下放过程中观察指重表变化,若发现遇阻,应上下活动解阻,解阻后继续下放,并按设计要求测压力梯度和温度梯度。电子压力计下至设计位置后,关闭密封流管半封;测试中若密封流管封闭,井口压力失控,应关闭电缆防喷器。根据设计和现场测试情况,对工作制度进行修正。

6) 测试中的资料录取与解释

井下采集数据、地面记录数据要求见 SY/T 6013—2009;在采集数据过程中,对所测资料要进行同步处理解释。

7) 起电缆

起电缆前,应首先打开密封流管橡胶半封,停1min待胶块完全收缩后再上提电缆。一般正常上起的速度不大于50m/min;上起电缆测试工具至喇叭口处,速度应控制在18m/min以内。若悬重突然增加,必须上下活动解卡,上提拉力控制在电缆弱点许可范围内。同时按录取资料要求测压力梯度。电缆起至距井口100m处,放慢上起速度,保持在10m/min。电缆起至距井口30m处时,用人拉电缆,同时滚筒缓慢回收电缆,当井口人员手拉电缆测试工具到达密封流管底部时,刹住滚筒。

8)施工结束

根据电缆下井前记号和计数器回零以及手拉电缆测试工具在密封流管底部时的顶钻现象,确定下井电缆工具已过井口,可关闭清蜡阀门三分之二后,再试探闸板,确定电缆工具全部进入防喷管后方可关闭采油树总阀门、拆卸井口装置、下井电缆工具以及辅助工具。

9)资料录取

需要录取的资料包括井位坐标、测试类型、坐封类型、测试层段、钻井液密度、黏度、含砂量、压井液密度、黏度、测试管柱部件名称、内径、外径、下入深度。

三、注意事项

(1)测试时,应选用适当密度的压井液,达到"压而不死,活而不喷"。

(2)对油气井进行测试,必须选用与地层压力相适应的井口压力控制装置;测试施工前,还必须对井口压力控制装置进行试压检查;在任何情况下,都不得违反操作规程不装或少装井口压力控制装置。

(3)地面流程必须采用硬管线,连接要牢固,并进行水压试验,试压至工作压力,稳定3min不刺不漏为合格;不准采用高压胶管代替硬管线作为地面流程管线,以防胶管爆破和摆动弹跳伤人。

(4)防喷管线尽量为直线,其转弯夹角应大于120°。

(5)井场应备有压井水泥车和压井液,压井液量应为井筒容积的1.5~2倍。

(6)起测试管柱时,应及时向井内灌满压井液;起下钻过程中,应密切注意环空显示,井口环空如有溢流现象,应停止起下钻,进行分析判断;如溢流增大或出现井涌现象,应立即连接好井口压力控制装置,关上封井器,准备压井。

(7)测试完解封封隔器时,如遇井涌或井喷,应关闭防喷器组,充分进行反循环压井,证明确实无井喷征兆时再起钻。

(8)测试时井场严禁使用明火和动用电气焊。

(9)井场电气设备、照明器具应符合防火、防爆的安全规定;测试一般应安排在白天进行,如延长至夜晚,井场周围应安装足够的照明灯。

考核标准

检查项目	操作标准	分数	扣分
准备工作	工具、用具准备齐全,劳保用品穿戴整齐	30	
操作步骤	会在测试中进行资料的录取与解释;会读压力卡片;会进行封隔器坐封计算、封隔器坐封、封隔器解封等操作;能够严格遵守环保要求,安全生产	70	
合计		100	

项目三 常 规 工 艺

任务 1 套 管 刮 削

实习目的及要求

(1) 了解套管刮削的目的。
(2) 能按照施工设计进行施工准备。
(3) 学会录取套管刮削作业的各项资料。

一、套管刮削的概念

套管刮削(视频 4-4)是指用套管刮削器刮削套管内壁,清除套管内壁上水泥、硬蜡、盐垢及炮眼毛刺等的作业。

二、操作步骤

视频4-4 套管刮削

1. 工具选择

根据套管内径选择合适的套管刮削器(参考表 4-2),并认真检查套管刮削器是否完好、牢固。

表 4-2 套管刮削器技术参数

规格型号	外形尺寸 mm	接头螺纹		使用规范及性能参数	
		钻杆	油管	刮削套管,in(mm)	刀片伸出量,mm
GX-T114	φ112×1119	NC26(2A10)	φ60 UPTBG	4½(114.3)	13.5
GX-T127	φ119×1340	NC26(2A10)	φ60 UPTBG	5(127.0)	12
GX-T140	φ129×1443	NC31(210)	φ73 UPTBG	5½(139.7)	9
GX-T146	φ133×1443	NC31(210)	φ73 UPTBG	5¾(114.3)	11
GX-T168	φ156×1604	330	φ89 UPTBG	6⅝(168.3)	15.5
GX-T178	φ166×1604	330	φ89 UPTBG	7(177.8)	20.5

2. 连接

将套管刮削器连接在下井第一根油管底部。条件许可时,刮削器下端可多接尾管增加入井时重量,以便压缩收拢刀片、刀板。下 5 根油管后井口装好自封封井器。

3. 下井

下管柱时操作要平稳,下放速度控制在 20~30m/min;下到距离设计要求刮削井段前50m

时,下放速度控制在 5~10m/min;在下到设计刮削井段以上 1~5m 时开泵循环,循环正常后,边缓慢顺螺纹紧扣方向旋转管柱边缓慢下放,然后再上提管柱反复多次刮削,悬重正常再继续下管柱。若中途遇阻,当悬重下降 20~30kN 时,应停止下管柱,不可顿击硬下,应边洗井边旋转管柱反复刮削至悬重正常,再继续下管柱,一般刮管至射孔井段以下 10m。刮削射孔井段时要有专人指挥。

4. 洗井

刮削到射孔井段顶部后,反循环洗井一周再继续下油管刮削射孔井段的套管,刮削时边循环洗井边下油管刮削。每下一根油管都要上提下放刮削 3 次。刮削完毕要大排量反循环洗井一周以上,将刮削下来的脏物洗出地面。

5. 起出管柱

洗井结束后,起出井内全部刮削管柱,结束刮削操作。

6. 资料录取

需要录取的资料包括刮削器型号及外形尺寸、套管刮削深度、洗井时间、修井液量、泵压、洗井深度、排量、出口返出物描述。

三、注意事项

(1)作业人员必须穿戴好劳保用品。
(2)作业时必须安装经过鉴定、符合要求的拉力表及井控设备。
(3)下井工具和管柱均应经地面检验合格。
(4)刮削管柱不得带有其他工具。
(5)严禁用带刮削器的管柱冲砂。
(6)刮削过程中,必须注意悬重变化,悬重下降最大不超过 30kN。
(7)刮削器使用一次后,要及时检修刀片,检查弹簧,保持刮削器处于良好状态。

考核标准

检查项目	操作标准	分数	扣分
准备工作	工具、用具准备齐全,劳保用品穿戴整齐	30	
操作步骤	能够按设计要求下刮削管柱至设计井段以上 10m,管柱深度符合设计要求;能够正确连接地面循环管线,地面管线不刺不漏为合格;会装自封封井器;熟练掌握洗井操作步骤,洗井不少于 1.5 周,洗井液不乱排放;能够严格遵守环保要求,安全生产	70	
合计		100	

任务2 封 窜

实习目的及要求

(1)了解封窜的目的及要求。
(2)能按照施工设计进行施工准备。
(3)掌握循环法和光油管挤入法封窜的施工操作步骤及注意事项。

一、封窜的认识

油井完井后由于固井质量不好,管外水泥混浆,窜槽后水泥返高没有达到设计要求,造成油层与油层或油层与水层之间互相窜通,致使油井不能正常生产。针对此类井,采用油井水泥进行封窜,常用的封窜方法有循环法和光油管挤入法。

循环法封窜是在不憋起压力的情况下,将水泥浆以循环的方法替入窜槽井段的窜槽孔缝内,使水泥浆凝固,达到封堵窜槽的目的。它适用于窜通量不大的管外窜通井。

光油管挤入法封窜是指封窜时,将欲封夹层以下射孔段用填砂或注悬空水泥塞的办法全部掩盖,油管下至射孔井段以上30~50m,水泥浆自套管内注入;当水泥浆快出油管时(一般将水泥浆返出到油管出口的距离控制在100m左右),即关套管阀门,从油管将水泥浆挤入窜槽;挤完水泥后,正反替清水至射孔段处,关油、套阀门,憋压候凝。当窜槽复杂或套管破损不易下封隔器时,可采用此方法进行封窜。

二、循环法封窜

1.操作步骤

1)填砂

若窜通井段下部有暴露的射孔层位,则下光油管管柱填砂埋掉下部油层;若下部油层与井底之间井段过长,则注悬空水泥塞,封堵下部油层。

2)下冲砂管柱

加深油管探砂面,若埋掉下部暴露油层顶界5m左右可视为合格,冲砂至下部暴露油层顶界以上5m左右的位置。

3)起冲砂管柱

起出冲砂管柱,准备下封窜管柱。

4)下封窜管柱

管柱结构为球座+节流器+封隔器+安全接头,使封隔器坐于施工设计要求的夹层位置,装井口。

5) 投球

向油管内投球。

6) 封隔器坐封

接正试压管线,指示水泥车开泵缓慢正注压井液,憋压10MPa,若套管无溢流则证明井下管柱及封隔器密封良好。

7) 冲洗窜槽

接好地面正循环封窜施工管线,指示水泥车正注清水,冲洗窜槽,洗至流出液体不夹带大量泥砂,且泵压平稳时为止。

8) 注水泥浆

指示配水泥浆的水泥车,泵入与设计性能和数量要求相符合的水泥浆,正替液至节流器以上10~20m处,并略待水泥浆稠化,稠化时间随实际而定。

9) 封隔器解封

解封时上提管柱,使管脚提至射孔井段以上,然后反洗井,洗出多余水泥浆。

10) 候凝

起出20~40m管柱,向井内灌满压井液,关井候凝48h。

11) 验窜

通过试压的方法检验封堵情况。

12) 起封窜管柱

起出井内封窜管柱,待下一步施工。

2. 注意事项

(1) 水泥浆要经过地面模拟实验,确定其稠化、初凝、终凝时间。

(2) 将水泥浆顶入窜槽以后,等待水泥浆稠化上提的时间,必须要严格掌握,不能超过水泥浆初凝时间的70%。

(3) 要保证整个施工过程设备正常运转,要有备用水泥车。

(4) 顶替水泥浆时,若发现水泥车泵压突然上升,应立即停替水泥浆,进行反洗井,替出井内水泥浆。

三、光油管挤入法封窜

1. 操作步骤

1) 填砂

若窜通井段下部有暴露的射孔层位,则下光油管管柱填砂埋掉下部油层;若下部油层距井底过长,不易填砂,则注悬空水泥塞,封堵下部油层。

2) 探砂面冲砂

加深油管探砂面,若埋掉下部暴露油层顶界5m左右可视为合格,冲砂至下部暴露油层顶界以上5m左右的位置。

3) 连接地面管线试压

按设计调整井内管柱深度,使油管底部完成在窜通井段的射孔层位以上50m,装井口总阀门,接好正循环洗压井管线,并对进口管线试压20MPa,不刺不漏为合格。

4) 下封窜管柱

将封隔器下至预定的夹层上,其下部接节流器(定压阀)、单流阀(球座)。

5) 洗井

反洗井至水清。

6) 投球

向油管内投球,试挤清水至泵压平稳。

7) 注水泥浆

指示配水泥浆的水泥车,泵入与设计性能和数量要求相符合的水泥浆,正替液至节流器以上10~20m处,并略待水泥浆稠化,稠化时间随实际而定。

8) 上提

上提封隔器至射孔井段以上。

9) 洗井

反洗井至水清。

10) 候凝

上提1~2根油管,关井候凝24~48h。

11) 验窜

钻水泥塞验窜。

12) 资料录取

需要录取的资料包括封窜管柱、封窜井段,坐封位置,配浆时间,前置液、水泥浆、顶替液名称、注入时间、数量、密度、泵压、排量,洗井用液名称、用量、排量、泵压,洗井深度,洗出物性质及数量,候凝时间,实际塞物。

2. 注意事项

(1) 此方法适用于窜通层位以上无暴露的射孔层位。

(2)窜通层位上部套管必须完好,无破损和漏失。
(3)下井油管必须检查完好,不合格油管不能下井;油管螺纹上紧,保证施工管柱无漏失现象。
(4)顶替量应准确无误,不能多替,不能少替。
(5)封窜施工必须连续进行,中途不得停泵。
(6)若施工中途水泥车出现故障,应立即放压,起出井内油管。

 **考核标准**

检查项目	操作标准	分数	扣分
准备工作	工具、用具准备齐全,劳保用品穿戴整齐	20	
循环法封窜	会组配封窜管柱;能够按设计要求完成冲砂作业;能够完成冲洗窜槽、注水泥浆、上提、洗井、候凝、验窜操作步骤;能够严格遵守环保要求,安全生产	40	
光油管挤入法封窜	会组配封窜管柱;能够按设计要求把管柱下入到预定位置;能够完成冲洗窜槽、注水泥浆、候凝、验窜操作步骤;能够严格遵守环保要求,安全生产	40	
合计		100	

任务3 注水泥塞

 实习目的及要求

(1)了解注水泥塞的目的及要求。
(2)能按照施工设计进行施工准备。
(3)掌握注水泥塞的施工操作步骤及注意事项。
(4)学会录取注水泥塞作业的各项资料。

一、注水泥塞的认识

注水泥塞是指在未下入套管封闭的井段中,注入一定数量的水泥,以便用来封闭或隔绝某一段裸眼地层的作业。注水泥塞的目的是封堵油井下部的高含水层或对报废井进行封井作业。

根据用途将水泥塞分为完井水泥塞、堵漏水泥塞、侧钻水泥塞、封井水泥塞等。

二、操作步骤

1. 下管柱

将注水泥塞管柱下入井内设计要求深度,管柱尾部为光油管。

2. 接管线试压

连接进、出口管线,并进行试压。循环井内液体,检查地面系统是否工作正常。

3. 配水泥浆

按设计要求在 $1m^3$ 罐内配好施工所需的水泥浆。水泥浆应混合均匀,不得混入杂物,密度不得低于 $1.85g/cm^3$。

4. 正替水泥浆

按设计规定量正替入水泥浆。

5. 正顶替水泥浆

按设计要求,用与修井液相同密度的液体将水泥浆顶替到预定位置,停泵;卸管线,拆井口;上提油管将深度完成在预计水泥面以上 $1\sim2m$ 的位置;装好井口,上紧顶丝。

6. 洗井

反洗水泥浆,接好反洗井管线,用修井液反洗井,洗出多余水泥浆。

7. 上提油管

上提油管将深度完成在预计水泥面以上 100m 的位置。

8. 收尾

装好井口采油树,井筒内灌满修井液,按设计时间要求关井候凝。

三、注意事项

(1) 注水泥塞的管柱内壁要清洁,管柱和井口要密封,保证在液体循环过程中不会"短路",保证水泥浆顶替深度的准确并反洗出多余的水泥浆。
(2) 计算顶替量必须准确。
(3) 反洗井时,泵的排量要适当低一些,以免造成水泥塞位置下移。
(4) 替、顶替、反洗水泥浆过程中,中途不得随意停泵。
(5) 在顶替水泥浆中途,若水泥车出现故障,应立即起出井内油管。
(6) 若顶替液将水泥浆顶替到预定位置,在上提油管时提升系统出现故障,应立即反洗出全部水泥浆。
(7) 从配水泥浆到反洗井开始所经历的作业时间要控制在水泥浆稠化时间的 50% 之内,反洗井中途不得停泵。

考核标准

检查项目	操作标准	分数	扣分
准备工作	工具、用具准备齐全,劳保用品穿戴整齐	30	
操作步骤	明确注水泥塞的目的;能够按设计要求配置水泥浆用量;掌握注水泥浆的计算方法;掌握注水泥浆的注意事项;能够严格遵守环保要求,安全生产	70	
合计		100	

任务4 钻 水 泥 塞

实习目的及要求

(1) 了解钻水泥塞的目的。
(2) 学会钻水泥塞管柱的组配。
(3) 掌握钻水泥塞的施工操作步骤及注意事项。
(4) 学会录取钻水泥塞作业的各项资料。

一、钻水泥塞的概念

钻水泥塞是将注水泥或打水泥塞后留在套管或井眼内的凝固水泥塞、桥塞等钻掉的作业。下返回采、封窜、堵漏、堵层、二次固井等许多施工都需要钻水泥塞。

二、操作步骤

1. 安装井口控制装置

下钻时井口必须有井口控制装置,并安装合格的拉力表和拉力计。

2. 连接地面管线

按要求连接地面管线。

3. 刺洗、丈量、组配钻塞管柱(钻具组合自下而上)

(1) 螺杆钻具钻水泥塞:钻头 + 加压钻杆 + 缓冲器 + 井下过滤器 + 提升短节 + 油管(钻杆)。
(2) 动力水龙头钻水泥塞:钻头 + 钻杆 + 动力水龙头。
(3) 转盘钻水泥塞:钻头 + 钻杆 + 方钻杆。

4. 钻水泥塞

钻头下至距水泥塞面5m处开泵正循环,循环正常后,螺杆钻具钻水泥塞时下放钻具,加压5~19kN;动力水龙头钻水泥塞时,启动动力水龙头,待其转速正常后慢慢下放钻具,加压

7~15kN,控制转速40~60r/min;转盘钻水泥塞时启动转盘,转盘转速正常后慢慢下放钻具,加压10~25kN,控制转速60~120r/min。环空上返速度均不小于0.8m/s。

5. 加单根

每钻进3~5m划眼一次,接单根之前,循环不少于20min。

6. 循环洗井

钻至设计深度,充分循环,替出井内钻屑。

7. 通井

起出井内管柱,下入通井、刮削工具,通井刮削至设计深度,用洗(压)井液替出井内修井液。

8. 安井口

起出管柱,坐好井口。

9. 资料录取

需要录取的资料包括管柱结构示意图,钻铣工具类型、规格及主要尺寸,修井液类型、数量,修井液密度、黏度,钻塞时间,完钻深度,指重表(拉力计)数值变化情况,洗井时间、深度,钻压,排量,转速,泵压,钻时,进尺。

三、注意事项

(1)起下钻具时井口必须装有井口控制装置。
(2)起下钻具必须要停钻并安装合格的指重表或拉力计。
(3)钻具无进尺时应停钻并提钻分析原因,采取合适措施。
(4)所钻水泥塞下面被封的射孔井段为高压层时,要做好防喷准备。
(5)上水池和回水沉淀池要分开使用。
(6)加单根之前必须充分循环,防止钻屑卡钻。
(7)施工前开好出工和安全会,各岗位分工明确,听从统一指挥。
(8)配灰施工人员需要穿戴好劳保用品、防护眼镜、长筒胶皮手套及防护面具,同时现场备足清水以备急需。
(9)施工前,地面管线和井口施压需达到25MPa,不刺不漏方能开始施工;施工过程中,高压区内严禁人员随意走动,切勿带压进行整改作业。
(10)拆井口时,注意井口有无溢流情况,做好防喷准备。
(11)各施工单位要根据各自职责做好突发事件的应急工作。
(12)施工过程中遵守当地环境部门的有关规定,严格执行QHSE要求。
(13)施工现场必须配备好$40m^3$以上的循环池及排污设施,作业渣严禁乱放乱排,实施无污染、无落地作业,做到开场无油污、无残灰、无残渣、无杂物。
(14)施工结束后对施工区域进行全面清理,施工残渣按甲方指定方式、指定地点排放,不得随意处理,以免造成井场及周边环境污染。

**考核标准**

检查项目	操作标准	分数	扣分
准备工作	工具、用具准备齐全,劳保用品穿戴整齐	30	
操作步骤	能够正确连接好钻头和螺杆钻具;会连接地面管线;熟练掌握装自封封井器、水泥车排量的控制及洗井操作步骤;能够严格遵守环保要求,安全生产	70	
合计		100	

任务5　下电缆桥塞

实习目的及要求

(1)了解下电缆桥塞的目的。
(2)能按照施工设计进行施工准备。
(3)掌握下电缆桥塞的施工操作步骤及注意事项。
(4)学会录取下电缆桥塞作业的各项资料。

一、下桥塞的认识

下桥塞是指利用电缆或油管将桥塞输送到井筒预定位置,通过火药爆破、液压坐封或者机械坐封工具产生的压力作用于上卡瓦,拉力作用于张力棒,通过上下锥体对密封胶筒施以上压下拉两个力,当拉力达到一定值时,张力棒断裂,坐封工具与桥塞脱离,此时桥塞中心管上的锁紧装置发挥效能,上下卡瓦破碎并镶嵌在套管内壁上,胶筒膨胀并密封,完成坐封。

桥塞的作用是油气井封层,具有施工工序少、周期短、卡封位置准确的特点,分为永久式桥塞和可钻式桥塞两种。

二、操作步骤

1. 安装井口控制装置

下钻时井口必须有井口控制装置,并安装合格的拉力表和拉力计。

2. 下入铺捞器

用电缆将专用的铺捞器下至桥塞坐封深度以下,目的是检查套管内径,捞出井内液体中影响顺利下入的杂物。铺捞器的外形尺寸等于或大于桥塞的外形尺寸。

3. 组配管柱

将桥塞、坐封工具、安全接头、磁性定位器与电缆连接好,平稳下入井内,下放速度控制在

400m/h 以内。

4. 下入坐封管柱

测套管接箍,准确调整桥塞坐封位置。

5. 坐封

通电引爆,坐封桥塞,引爆 5min 后上提、下放电缆 2~4m 判断桥塞是否已坐封。

6. 起出坐封管柱

在坐封管柱提出井口前,必须检查泄压头是否冲掉,防止拆卸时残余压力伤人。

7. 试压

桥塞坐封后,井口密封接好试压管线按要求进行试压,验证其密封的可靠性。试压合格后,下倒灰筒,在桥塞顶部倒入一定量的水泥浆。

三、注意事项

(1)施工前,必须检查电缆、绞车、仪表和下井的工具仪器。
(2)油管、炸药包等易燃易爆品,必须按规定严格保管、运输和使用。
(3)井内液体要经过过滤,保证无杂物。
(4)桥塞下放速度必须严格控制,若有遇阻现象,只能慢慢活动,不能猛冲。
(5)作业时井口要有专人指挥,协调工作。

考核标准

检查项目	操作标准	分数	扣分
准备工作	工具、用具准备齐全,劳保用品穿戴整齐	30	
操作步骤	能够正确组配下井管柱;掌握正确的试压工序步骤;能够准确下入铺捞器;能够控制桥塞的下放速度;能够严格遵守环保要求,安全生产	70	
	合计	100	

任务6 钻电缆桥塞

实习目的及要求

(1)能按照施工设计进行钻电缆桥塞施工准备。
(2)学会钻电缆桥塞管柱的组配。
(3)掌握钻电缆桥塞的施工操作步骤及注意事项。

一、钻电缆桥塞的概念

可钻式桥塞是随着永久式桥塞的出现而出现的,作为一种油田用井下封堵工具,在油田勘探和开发中广泛用于对油水井分层压裂、分层酸化、分层试油施工时封堵下部井段。它较好地解决了坐封、打捞、解封操作复杂,使用成功率低的问题。

钻电缆桥塞全称为电缆输送可钻式桥塞,是指在油田开采后期为了更好地完成油井的开采,对油田的桥塞所封层进行钻桥塞作业,以便再次开发利用。

二、操作步骤

1. 螺杆钻具钻铣可钻式桥塞

1) 螺杆钻具的地面检验

(1) 下井前必须经过试运转,排量达到 600~800L/min 时,要求钻铣工具旋转平稳无摆动并检查旁通阀是否自动关闭。

(2) 停泵后检查旁通阀是否自动开启。

2) 管柱结构(自下而上)

钻铣工具→捞篮→螺杆钻具→提升短节→缓冲器→井下过滤器→提升短节→油管。

3) 下放管柱

下放管柱要以 20~30m/min 的速度匀速下放,每下入 500m 左右应向管柱内灌满修井液。下到距桥塞面 50m 左右时,要缓慢下放至桥塞面,使悬重下降 5kN。

4) 钻铣

把管柱提离桥塞面 1~2m,开泵循环达到所规定的排量。短时间冲洗桥塞面后,缓慢下放并控制钻压在 5~15kN,进出口压力差不超过 3MPa,一直钻铣到设计规定井深。

2. 动力水龙头钻铣可钻式桥塞

1) 管柱结构

自下而上依次连接为:钻铣工具→捞篮→钻铤→钻杆→动力水龙头。

2) 下放管柱

管柱下到距桥塞面 50m 左右时,要缓慢下放到桥塞面,悬重下降 5kN。

3) 钻铣

把管柱提离桥塞面 1~2m,开泵循环,正常后起动动力水龙头。待动力水龙头运转正常后,慢慢下放管柱,控制悬重下降 7~40kN,转速 80~100r/min,排量达到 0.8m/s(上返速度),一直钻铣到设计深度。

3. 转盘钻具钻铣可钻式桥塞

1) 管柱结构

自下而上依次连接为:钻铣工具→捞篮→钻铤→钻杆→方钻杆。

2) 下放管柱

管柱下到距桥塞面 50m 左右时,要缓慢下放到桥塞面,悬重下降 5kN。

3) 钻铣

把管柱提离桥塞面 1~2m,开泵循环,正常后起动转盘。待转盘运转正常后,慢慢下放管柱,钻压控制在 7~40kN,转速一般为 80~100r/min,排量达到 0.8m/s(上返速度)以上,按设计参数钻铣到设计深度。

4. 资料录取

需要录取的资料包括钻铣工具规格、外形尺寸,管柱结构、规格,钻压,排量,转速,泵压,钻时,进尺,修井液名称、密度、黏度、数量,作业时间,完钻井深。

三、注意事项

(1)下井工具、管柱的规格、数量和管柱结构,都要有详细记录和示意图。
(2)下井管柱连接螺纹必须涂密封脂,螺纹上紧扭矩要符合规定。
(3)起下管柱应速度均匀,操作平稳。
(4)修井液要符合油层保护的要求。
(5)钻铣可钻式桥塞时,避免损伤套管。
(6)使用螺杆钻具时,修井液要满足技术条件。
(7)起下管柱时,作业井口必须安装合格的指重表(拉力计)和井口控制装置。

考核标准

检查项目	操作标准	分数	扣分
准备工作	工具、用具准备齐全,劳保用品穿戴整齐	30	
操作步骤	能够达到作业目的,钻通封闭井段;会选择符合作业要求的修井液;能够按设计要求将通井规(刮削器)顺利通至人工井底或设计深度;能够严格遵守环保要求,安全生产	70	
	合计	100	

项目四 增产工艺

任务1 封隔器堵水

实习目的及要求

(1)能按照施工设计要求进行堵水施工准备。
(2)掌握封隔器堵水的施工操作步骤。

一、堵水的认识

油井堵水是为了控制产水层中水的流动和改变水驱油中水的流动方向,提高水驱效率,使油井的产水量在某一时间内下降或稳定,以保持油井增产或稳产,从而提高油井采收率。油井堵水方法主要有机械堵水法和化学堵水法。机械堵水法是用封隔器将出水层位在井筒内卡住,以阻止水流入井内;化学堵水法是利用化学堵水剂堵塞水层。机械堵水法中常用的就是封隔器堵水,它一般有两种方式:封上下系中间、封中间系上下。一口井究竟采用哪种堵水方法,要视每口井层位多少和出水层的位置、数量而定,然后配以合适的堵水管柱,即可达到堵水的目的。

二、施工前的准备工作

(1)井况调查:调查内容包括井身结构、油层、射孔、历次施工、历年生产、测试资料、目前井下管柱等。
(2)读懂堵水施工设计书,选择最佳堵水方案。
(3)现场调查:调查内容包括井位、井场条件、电源情况、道路交通情况、地面流程、井场设备情况。
(4)工具准备:根据施工设计要求,备全堵水作业使用的井下工具,主要包括封隔器和井下配套工具。
(5)设备准备:根据施工内容、工艺参数及施工设计要求,备好水泥车、水罐车等。

三、操作步骤

(1)压井:按设计要求选择合适的压井液进行压井,注意不污染地层。
(2)起原井管柱:起出井内管柱,起管前必须装好适当压力等级的井口防喷器。
(3)通井、刮削:用通径规通井至人工井底或设计深度50cm以下。
(4)下堵水管柱:按施工设计要求将堵水管柱下到设计深度,坐封封隔器。注意下井工具及油管必须清洁、丈量准确,油管要用通径规通过。
(5)投产:打开井下相应开关,装油管、套管压力表,分别对上、下层投产。

四、注意事项

(1)作业前应测静压和流压或有近六个月内所测的压力数值资料。
(2)装好检验合格的指重表或拉力计。
(3)下井管柱、工具必须清洁干净、丈量准确,丈量累计误差不得大于0.2‰。
(4)仔细检查下井油管,下井前必须用通径规通过。ϕ73mm 油管使用的通径规直径为59mm,长度为800~1200mm。
(5)管柱下井前必须先通井至人工井底或设计深度50cm以下。
(6)压井时必须注意保护油层,循环压井时要控制回压。
(7)封隔器和配套工具必须有出厂合格证,经地面检验合格方可下井。
(8)下井油管螺纹必须涂密封脂,油管螺纹上紧。

(9) 严禁使用有结蜡、弯曲、腐蚀裂缝和坏扣的油管。
(10) 管柱下井过程中,要求操作平稳,严防顿钻。
(11) 管柱下井过程中,严禁任何物件掉入井内。
(12) 为确保堵水施工质量达到设计质量要求,每道工序应及时进行工序质量验收。
(13) 机械堵水主要是为了解决层间矛盾问题,因此选井必须是多层位的油井,选井后必须准确判断出水层位。
(14) 封隔器坐封要严密准确,封隔器位置要准确,才能把水层与油层分开,这也是机械堵水成功与否的重要因素。

考核标准

检查项目	操作标准	分数	扣分
准备工作	熟悉井况调查和现场调查的内容;能读懂施工设计书,明确施工目的及工序;能备全施工设计要求的井下工具和配套工具;准备施工设计要求的性能良好的水泥车、水罐车等	30	
操作步骤	能按设计要求选择合适的压井液进行压井;能按照行业标准规范熟练起出井内原管柱并进行通井、刮削操作;能按施工设计要求组配封隔器堵水管柱并将堵水管柱下到设计位置;施工完成后能按设计要求对目的层投产	70	
合计		100	

任务2　化　学　堵　水

实习目的及要求

(1) 能按照化学堵水施工设计要求进行堵水施工准备。
(2) 掌握化学堵水的施工操作步骤。

一、施工前的准备工作

(1) 井况调查:调查内容包括井身结构、油层、射孔、历次施工、历年生产和测试资料及目前井下管柱和井场状况资料等。
(2) 井眼准备:施工井必须做到套管内径清楚,射孔深度数据准确,卡点层段无窜槽,套管内表面光洁无黏结物。
(3) 读懂施工设计书,选择最佳堵水方案。
(4) 按施工设计要求准备化学堵水泵车、堵剂罐车等设备和油管、封隔器等下井工具。

二、操作步骤

(1)起出原井生产管柱。
(2)冲砂、洗井、通井。
(3)按照施工设计要求组配分层堵水管柱,并将分层堵水管柱下到设计位置。
(4)连接井口和地面化学堵水管线,连接好堵剂罐车和化学堵水泵车。
(5)完成坐封、验封、试挤后,按施工设计要求和程序挤注堵剂。
(6)替挤清水,将地面管线及井筒内的堵剂全部替入地层,按设计要求关井。
(7)解封封隔器,起出分层堵水管柱。
(8)下泵恢复生产。

三、注意事项

(1)在挤堵剂时各罐车的阀门开关次序要准确,以防阀门倒错使堵剂在管线内固化。
(2)化学堵水时井口高压管线及阀门、套管阀门,要有专人负责,分工明确,听从现场指挥员的指挥。
(3)试挤和挤堵剂过程中,注意观察套管压力是否变化,判断封隔器是否工作正常。
(4)替挤后,严禁油管、套管放喷及泄漏,以防堵剂从堵层吐出污染油层、堵塞井筒影响堵水效果。
(5)凡是堵水用过的油管都必须洗净,用59mm通径规通过。

考核标准

检查项目	操作标准	分数	扣分
准备工作	熟悉井况调查的内容;明确井眼准备的要求和标准;能读懂施工设计书,熟悉施工程序;能按施工设计要求准备化学堵水泵车、堵剂罐车等设备和油管、封隔器等下井工具	30	
操作步骤	能熟练按照行业标准规范熟练起出井内原管柱并进行冲砂、洗井、通井;能按照施工设计要求组配分层堵水管柱,并将分层堵水管柱下到设计位置;能根据实际井场情况连接井口和地面化学堵水管线,连接好堵剂罐车和化学堵水泵车;完成坐封、验封、试挤后,能按施工设计要求挤注堵剂和替挤清水;解封封隔器,起出分层堵水管柱后,按设计要求恢复生产	70	
合计		100	

情境四　常规作业

任务3　常规酸化

实习目的及要求

(1) 能按照常规酸化施工设计要求进行酸化施工准备。
(2) 掌握常规酸化的施工操作步骤。
(3) 学会录取常规酸化作业的各项资料。

一、酸化的认识

酸化是油气井增产、注入井增注的常用技术措施之一，其原理是通过酸液对岩石胶结物或地层孔隙、裂缝内堵塞物的溶解和溶蚀作用，恢复或提高地层孔隙和裂缝的渗透性。酸化的目的是清除井筒孔眼中的酸溶性颗粒、钻屑及结垢，并疏通射孔孔眼；恢复或提高井筒附近较大范围内油层的渗透性，从而达到增产增注的目的。常规酸化主要有碳酸盐岩地层的盐酸处理和砂岩地层的土酸处理，虽然用的酸液及添加剂不同，但现场施工的步骤相差不多。

二、施工前的准备工作

1. 井场和道路准备

井场和道路必须平整、坚实；井场面积要求能够摆放所有施工设备和储液罐等；井场的入口处要畅通，保证在出现意外时，人员和设备能及时撤离；准备好方罐或防污染回收罐，有效容积为入井液量加上井筒容积总量的1.5倍。

2. 井口、油管、封隔器、放喷管线准备

井口、油管、封隔器的型号、尺寸、额定工作压力、钢级等规格要符合酸化施工设计要求。油管入井前必须在地面丈量记录，并摆放整齐，按施工设计深度下入，一般情况下酸化管柱位置在酸化井段上部10m左右；将封隔器下到设计位置并按设计要求坐封、验封；安装与设计施工压力相适应的井口，试泵检查不允许超压作业；油管、套管一侧各接一条硬放喷管线，装120°弯头出口，用地锚固定。

3. 设备及施工车辆准备

施工设计要求准备性能良好的酸化车组、供液车、仪表车、顶替液罐、储酸罐等。根据施工场地的地形，以安全和利于施工的原则摆放施工车辆。施工车辆排放整齐、紧凑，距井口10～25m，指挥车视野宽阔，便于观察施工情况。

三、操作步骤

(1) 探砂面，冲砂。
(2) 压井，起原井管柱。

(3) 洗井。

(4) 组配酸化管柱。

(5) 按施工设计,将分层酸化管柱下至预定位置,装好井口。

(6) 循环,试压。将施工车辆、酸化设备根据井场情况合理布置好后,连接高、低压管汇,各车用清水循环排空。高压管汇用清水以设计施工压力的 1.2 倍试压,稳压 3min 不漏为合格。低压管汇用清水试压 0.1~0.5MPa。

(7) 低压替酸。用酸液或前置液(设计的前冲洗液)充满井筒油管和封隔器以下油套环形空间的替置过程称为替酸,操作时开油管、套管阀门,由油管低压替入酸液,替入量等于酸化管柱内容积加上最下一级封隔器以下油套环形空间容积。

(8) 启动封隔器坐封。低压替酸完成后,增加泵注排量,套管出口断流后,证明封隔器已坐封,密封油套环形空间。

(9) 高压挤酸。当判明井下封隔器已工作正常后,就应将泵注排量快速安全地提高到设计水平,并调节好同时泵入的添加剂(交联剂、气体、降滤剂)的加入速度,使之达到设计要求。

(10) 顶替。注完酸液后,应当严格按设计要求注入顶替液,顶替液为活性水或清水。一般酸化施工的顶替液量都会大于井筒体积,其目的是将井内所有的酸性液体都顶入地层直至反应完毕。在进行上述步骤时,如设计中有混氮、投球、加暂堵剂等工序时,应按设计要求顺序进行。

(11) 关井反应。关井反应时间根据酸液性质、地层温度,以及室内酸岩反应实验确定。

(12) 酸液返排。关井反应后尽快换装成排液井口或直接接通排液管线,立刻进行酸液返排。只要施工设计无特殊要求,地层不存在出砂、坍塌等危险,开井速度可适当加快,以利用快速放喷形成的抽汲效应将尽可能多的残骸排出地层。

(13) 录取资料。资料包括配置的工作液数量,化学添加剂的数量,配液的质量检验报告单,下井油管、封隔器等工具的数量、型号、尺寸及位置,施工压力曲线,瞬时停泵压力,施工完毕后的压力降落曲线,各工作液的注入量,关井反应时间、关井反应井口压力变化,开井时间,定时测取的排出液量,对应点的残酸浓度、黏度、表面张力、含盐量和 pH 值。

四、注意事项

(1) 整个施工过程严格按设计要求进行。

(2) 施工前应向参加施工的所有人员交底。

(3) 施工应有专人负责指挥和衔接。

(4) 井口采油(气)树螺栓必须上全上紧,采油(气)树应用四道绷绳加固。

(5) 地面高压线应垫实并用地锚固定牢,施工中严禁敲打。

(6) 施工中井口、管线刺漏时,必须等停泵、关总阀门和放压后才能进行整改。

(7) 施工中非有关人员不得进入高压区(泵车与井口间的区域)。

(8) 施工结束,应先关总阀门,再进行管线拆卸工作。

(9) 施工井场不得吸烟和出现其他火源。

(10) 注意环境保护,施工未打完的酸和井内排出的残酸应妥善处理,不得排入附近农田、水塘、河流、生活区、民用水道等。

考核标准

检查项目	操作标准	分数	扣分
准备工作	会判断井场和道路是否满足酸化施工的要求;能备齐施工设计要求规格和数量的井口、油管、封隔器、放喷管线等;备好满足施工设计要求、性能良好的酸化车组、供液车、仪表车、顶替液罐、储酸罐等;能根据实际情况合理布置酸化作业井场;熟悉配液、配酸的方法及要求	30	
操作步骤	能熟练完成探砂面、冲砂、压井、起原井管柱、洗井等操作,明白探砂面、冲砂、压井、起原井管柱、洗井的目的;能将酸化管柱下到设计位置并进行循环、试压操作;能按施工设计要求完成低压替酸、坐封封隔器、高压挤酸等操作;会确定关井反应时间,熟悉酸液返排操作方法;取全取准酸化施工过程中的资料	70	
合计		100	

任务 4 水力压裂

实习目的及要求

(1)能按照水力压裂施工设计要求进行水力压裂施工准备。
(2)掌握水力压裂的施工操作步骤。

一、水力压裂的认识

水力压裂是油气井增产、注水井增注的一项重要技术措施,不仅广泛用于低渗透油气藏,而且在中、高渗透油气藏的增产改造中也取得了很好的效果。水力压裂增产增注的原理主要是通过降低井底地层中流体的渗流阻力和改变流体的渗流状态,使原来的径向流动改变为油层与裂缝的近似单向流动和裂缝与井筒间的单向流动,消除了径向节流损失,大大降低了能量消耗,因而油气井产量或注水井注入量会大幅度提高。如果水力裂缝能连通油气层深处的产层和天然裂缝,则增产的效果会更明显。另外,水力压裂对井底附近受损害的油气层有解除堵塞的作用。

二、施工前的准备工作

1. 井况调查及资料准备

井况调查包括井的地面调查和井下调查两个方面。地面调查内容包括井号、道路、井场、采油树和井口设备是否具备施工条件;井下调查内容包括井身结构、套管状况、砂面情况、井内有无落物、有无窜槽现象等。准备的资料主要包括历次施工情况、井的基本数据、动态资料、分层测试资料等。

2. 压裂设备工具及压裂材料准备

准备满足施工设计要求、性能良好的压裂车、混砂车、仪表车、平衡车、管汇车、液氮车、液罐车、砂罐车、调配压裂液罐、压裂井口、高低压管汇、封隔器、喷砂器、水力锚等压裂设备工具；备足符合压裂设计要求的压裂液、支撑剂、预处理液及各种压裂液添加剂。

3. 探砂面，冲砂

为了解井筒内的砂柱高度，防止下压裂管柱时插旗杆，压前应探砂面；若砂面距射孔井段底界小于15m则必须冲砂。

4. 起出原井生产管柱

冲砂结束后，压井替喷前应起出原井生产管柱。

5. 压井替喷

压裂施工前严格控制压井作业，如确需压井作业，应按规定履行审批手续。对新井射孔前、已进行压井作业的井及确定井内有污染物的井压裂前要进行替喷作业，替净井内的压井液及污染物。替喷所用清水量要求大于井筒容积的2.5倍，替喷要一次完成，不得间断。

6. 压裂层段预处理

为了保护油层及提高压裂施工效果，有些井在压裂施工前需要对油层进行预处理。油层污染严重或钻井液堵塞的，压裂前需要进行酸洗或酸化处理；油层岩石致密的，为了提高压裂效果，压裂前可进行水力喷射预处理；油层射孔未完全射开或射孔不完全的，需要补射孔后再进行压裂；油层有窜通现象时，应采取封窜措施后再进行压裂。

7. 组配压裂管柱

按施工设计管串结构顺序将压裂管柱下到设计位置。

8. 摆放压裂车组，连接地面压裂流程

遵循安全、紧凑、因地制宜、便于指挥、便于施工、连接牢靠的压裂井场布置原则，安排好混砂车与管汇车、管汇车与压裂车、压裂泵车与井口的位置及距离，液氮车对称摆放，仪表车应安放在能看到井口的视野开阔的地点。

高压管汇安装：管汇车到压裂泵车的高压管线应接成平行四边形，由井口到管汇车的连接顺序应为：井口、投球器、压力传感器、放空三通、单流阀、管汇车接成Z字形。

低压管汇安装：每个压裂罐应有2个出口，接2根胶管到砂车吸入泵管汇；混砂车排出泵管汇到管汇车至少接3根专用胶管；管汇车到压裂泵车的上水管线必须用缠有钢丝的胶管，并尽可能减少弯曲。

三、操作步骤

1. 地面管线循环

循环的目的是检查压裂车组设备性能，保证地面压裂流程管线畅通。

地面管线循环的方法：首先打开压裂液罐阀门，开动混砂车，将压裂液泵入混砂罐内，并泵

送至预检查的压裂车内,再将压裂液打回压裂液罐。以这样的循环方式逐台压裂车进行检查,压裂液的排量应由小到大逐渐增加,直到循环出口排液正常结束。当第一台压裂车循环结束后,关闭其进口与出口阀门,打开第二台压裂车的进口和出口阀门,进行第二台压裂车循环,以此类推,直至全部压裂车都循环合格为止。循环前一定关闭井口阀门,防止地面管线中的脏物进入压裂管柱,污染油层或造成工程事故。

2. 高压管线试压

试压的目的是检查地面设备、井口以及所有连接管线能否承受住压裂时的高压作用。

关闭井口总阀门,并慢慢开动压裂车,用压裂液试压。试压的压力是预测的油层压力的 1.2~1.5 倍,稳压 5min 不刺不漏为合格。

3. 试挤

试挤的目的是检查井下压裂管柱及工具下入位置是否准确,工作是否正常。通过对油层试挤,可以掌握地层的吸水指数,了解油层的特性,估算出油层的最高破裂压力。试挤的方法是当地面试压合格后,打开井口总阀门,启动 1~2 台压裂车,先将井筒灌满压裂液,然后逐步提高泵压,将压裂液挤入油层,直至压力由低到高稳定为止。

4. 压裂

当经过试挤掌握地层吸水指数、地面的井下设备及工具一切正常,且试挤中排量正常、压力稳定后,就开始进行压裂;逐个启动或同时启动压裂车,加大排量,以很高的速度向井内泵注压裂液,使井底瞬时达到高压;当泵注量大大超过油层吸收能力,压裂液产生的压力大于地层破裂压力时,地层即被压开裂缝;继续泵入压裂液使裂缝延伸和扩展。

5. 加砂

裂缝延伸扩展开后,即可往压裂液内按比例加入支撑剂,将形成的裂缝支撑起来。加砂时,应使含砂比先小后大地逐渐加入,并且加砂量要均匀。同时,泵应保持良好的工作状态,不能随意停泵,以免裂缝闭合造成砂子大量堆积而形成砂堵。

6. 替挤

替挤的目的是将未进入地层裂缝的那部分支撑剂全部挤入裂缝中去,这样既能有效地利用支撑剂,又能防止砂卡、砂堵事故的发生。

替挤的方法是当全部支撑剂加完后,用压裂液将地面管线和井下压裂管柱中的携砂液体全部挤进地层裂缝中。

7. 关井扩散压力

压裂施工后,应关闭井口所有的进出口阀门,等待压裂液的破胶、滤失及裂缝的闭合,防止支撑剂随高黏液体返出裂缝,造成裂缝口铺砂浓度过低。关井扩散压力时间不少于压裂液破胶时间。

8. 放喷

按要求进行放喷，以免速度过快造成压后吐砂现象。

9. 活动管柱

上提和下放井内压裂管柱，直到大钩悬重负荷正常为止。其目的是加速压裂封隔器的恢复，并将残留在工具上的砂子推落到井底，以便于压裂后管柱的起出，防止卡钻事故的发生。最后，起出压裂管柱，下生产管柱投产。

10. 编写施工总结

施工结束后编写施工总结。

四、注意事项

（1）施工前开分工、安全大会，各工作岗位分工明确，听从统一指挥。

（2）施工现场排空、放喷管线用试压合格的硬管线。

（3）压裂施工中井口阀门由专人负责开关；高压区内严禁随意走动；严禁带压进行整改作业。

（4）施工现场要设立明显的标志，避免无关人员进入作业区；作业区域严禁烟火，不准携带易燃易爆物品进入施工现场。

（5）下井管柱必须认真检查、丈量准确。

（6）所有接触压裂液的容器必须清洁、无杂物。

（7）压后要及时排液，避免二次污染。

 **考核标准**

检查项目	操作标准	分数	扣分
准备工作	熟悉施工井井况调查的内容及应准备的资料；能按照施工设计要求准备本次压裂施工用的设备工具及材料；能按照行业标准完成探砂面、冲砂、起原井管柱、压井替喷、压裂层段预处理、下压裂管柱等压前作业；能根据实际情况摆放压裂车组，连接地面压裂流程	30	
操作步骤	能熟练完成地面管线循环、高压管线试压、试挤操作并了解其目的；能操作压裂车、混砂车、仪表车完成压裂、加砂、替挤操作，能根据压力曲线、排量曲线、砂比曲线调整实际施工过程中的排量、砂比及替挤量；熟悉关井扩散压力、放喷、活动管柱的方法及操作规范并能编写施工总结	70	
合计		100	

情境五　工程事故处理

在油水井生产过程中,井下落物和卡钻等井下事故往往会造成油井停产,使油水井的利用率下降,甚至报废。因此,掌握工程事故的处理方法,有效地进行事故处理,可以保障油田的正常生产。学生通过模拟训练和实际动手操作,认识各种打捞工具并能根据落物类型选择合适的打捞工具,掌握各类打捞操作的步骤和注意事项,熟悉各类卡钻的处理方法。

项目一　落物打捞

任务1　认识打捞工具

实习目的及要求

(1)了解打捞工具的类型。
(2)掌握常用打捞工具的用途、结构、工作原理、操作方法及注意事项。
(3)能够根据落物的情况选择合适的打捞工具。

打捞工具是油水井大修施工中应用最广泛、使用次数最多的专用工具,其品种、规格较多,分类方法也较多。根据井内落物类型的不同,可将打捞工具分成管类打捞工具、杆类打捞工具、小件落物打捞工具、绳缆类打捞工具等。

一、管类打捞工具

以 GZ-NC31 修井公锥为例对公锥进行介绍(视频5-1)。

1. 公锥

1)用途

公锥是一种专门从油管、钻杆、套铣管、封隔器、配水器、配产器等有孔落物的内孔进行造扣而实现打捞落物的工具。这种工具对于带接箍或壁厚较大的管类落物打捞成功率较高,操作也较容易掌握。

2)结构

公锥是长锥形整体结构,由上接头和打捞螺纹组成,如图5-1所示。上接头有正反扣标志槽,一道槽为正扣,两道槽为反扣,便于工具识别。上接头有与钻杆相连接的螺纹,沿公锥轴线自上而下有水眼,是流体的通道,用于循环修井液。

视频5-1 GZ-NC31 公锥

图5-1 公锥

3)工作原理

当公锥进入打捞落物内孔后,施加适当的钻压并转动钻具,迫使打捞螺纹挤压吃入落鱼内壁进行造扣。当所造扣能承受一定的拉力和扭矩时,采取上提或倒扣的办法将落物全部或部分拉出。

4)操作方法

当工具下至落鱼鱼顶以上 1~2m 时,开循环泵冲洗,并逐渐下放工具至鱼顶,观察泵压变化。如果泵压突然上升,指重表悬重下降,说明公锥已进入鱼腔内,可以进行造扣打捞;如果悬重逐渐下降而泵压并无变化,说明公锥未进入鱼腔内部,应上提管柱,然后转动管柱,重对鱼腔,直到悬重与泵压均有明显变化,即公锥进入鱼顶内部后,这时才能加压造扣进行打捞。

5)注意事项

(1)打捞时,不允许猛蹾鱼顶,以防将鱼顶或打捞螺纹蹾坏。
(2)切忌在落鱼外壁与套管内壁的环形空间造扣,以避免造成严重后果。
(3)工具下井前上部应接安全接头。

2. 母锥

以 MZ-NC31 母锥为例对母锥进行介绍(视频5-2)。

1)用途

母锥是一种专门从油管、钻杆等管状落物的外壁进行造扣打捞的工具,可用于打捞无内孔或内孔堵死的圆柱形落物。

2)结构

母锥整体结构是长筒形,由上接头和本体两部分构成,如图5-2所示。母锥有正扣、反扣之分,上接头有正扣、反扣标志槽,本体内锥面上有打捞螺纹,与公锥相同。打捞螺纹分为粗牙和细牙两种,粗牙为锯齿形螺纹,细牙为三角形螺纹。

母锥分为高强度母锥和普通母锥,粗牙母锥多为高强度母锥,适于打捞硬度较大的落物;细牙母锥为普通母锥。

图 5-2 母锥

3) 工作原理

母锥的工作原理与公锥的相同,都是打捞螺纹在钻压与扭矩作用下,吃入落物外壁造扣,将落物捞出。就造扣机理而言,属于挤压吃入,不产生切屑。

4) 操作方法

母锥的操作方法与公锥相同。

5) 注意事项

(1) 打捞外径较小落鱼时,应加引鞋,防止造扣位置错误,酿成事故。

(2) 打捞时,不允许猛蹾鱼顶,以防将鱼顶或打捞螺纹蹾坏。

(3) 工具下井前上部应接安全接头。

(4) 切忌在落鱼外壁与套管内壁的环形空间造扣,以避免造成严重后果。

3. 滑块捞矛

以 LM-D(S)73 滑块捞矛为例对滑块捞矛进行介绍(视频 5-3)。

1) 用途

滑块捞矛是内捞工具,它可以打捞钻杆、油管、套铣管、衬管、封隔器、配水器、配产器等具有内孔的落物,又可对遇卡落物进行倒扣作业。

2) 结构

滑块捞矛由上接头、矛杆、卡瓦牙块、锁块等组成,如图 5-3 所示。根据滑块数量的不同,分为单滑块捞矛和双滑捞矛块两种,目前现场常用的是双滑块捞矛。

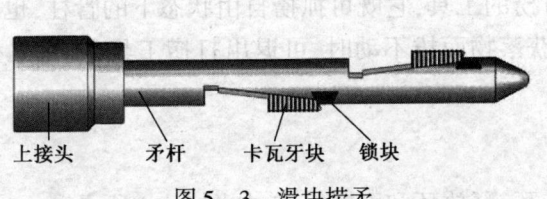

图 5-3 滑块捞矛

3）工作原理

矛杆上端接头为内螺纹，与油管或钻杆连接；在矛杆的中、下部刨有一个或两个斜面，斜面中间沿轴向有一条键，在键上装有一个可以上下移动的卡瓦牙块。卡瓦牙块向上滑动直径变小，并受矛杆的切台限制；向下滑动直径变大，最后受锁块限制。卡瓦牙块外部有齿尖向上的疏形牙齿。打捞落井的管子时，将滑块捞矛下至鱼顶后，活动管柱使其插入管子内腔，下放管柱卡瓦牙块向上滑动，直径变小，滑动到限制台为止；然后上提管柱，这时，卡瓦牙块的牙齿已卡住管壁，矛杆上提，相对卡瓦向下滑动，直径变大，卡瓦牙块齿尖向上的牙齿牢固地卡住落井管子内壁，起出管柱，落物即被捞出。

4）操作方法

地面检查矛杆尺寸（实际测量）是否合适，卡瓦牙块能否自由下滑，确定卡瓦牙块对落鱼的打捞位置应距锁块以上 30～40mm，并在卡瓦滑道上涂机油，用手来回滑动，使其运动灵活。

将滑块捞矛接在油管或钻杆上，下放打捞工具至鱼顶以上 3～5m 时开泵洗井，并缓慢下放，使工具进入落鱼。上提打捞管柱，使卡瓦牙块咬紧落鱼，继续上提直至捞出。倒扣作业时，将悬重提至倒扣负荷时再增加 10～20kN，即可进行倒扣作业。

5）注意事项

（1）考虑有排泄液体的水眼，防止起钻时钻具内提出的修井液外泄，造成井内液面下降或污染环境，应下带有水眼的打捞工具或带水眼的接头。

（2）对于再次使用的滑块捞矛，应进行检查和简单的维修；卡瓦牙块如有阻滞现象，应反复滑动使其到位并涂上黄油、机油等润滑，直到滑动顺畅为止，必要时用锉将滑道挫平；牙块磨平的要重新更换安装。

（3）如使用滑块捞矛进行倒扣，倒扣前应上提钻具，使捞矛和鱼腔胀紧抓牢，避免空转滑脱。

（4）如果需要大扭矩倒扣，则要考虑井内滑块捞矛、接头、钻具及其他工具的螺纹旋向，防止打捞、倒扣时在意外的部位倒开，影响施工进度。

4. 可退式打捞矛

以 LM-T105×73 可退式打捞矛为例对可退式打捞矛进行介绍（视频 5-4）。

1）用途

可退式打捞矛是通过鱼腔内进行打捞的工具，它既可抓捞自由状态下的管柱，也可抓捞遇卡管柱，并能自由退出。其优点是在抓获落物而拔不动时，可退出打捞工具；不足之处是不能进行倒扣。

2）结构

可退式打捞矛由上接头、芯轴、圆卡瓦、释放环和引鞋组成，如图 5-4 所示。

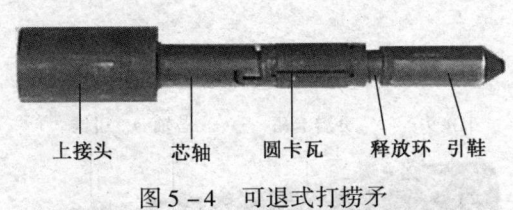

图 5-4 可退式打捞矛

视频 5-4 LM-T105×73 可退式打捞矛

3) 工作原理

(1) 打捞：工具在自由状态下，圆卡瓦外径略大于落物内径。当工具进入鱼腔时，圆卡瓦被压缩，产生一定的外胀力，使圆卡瓦贴紧落物内壁。随芯轴上行和提拉力的逐渐增加，芯轴、圆卡瓦上的锯齿形螺纹互相啮合，圆卡瓦产生径向力，使其咬住落鱼实现打捞。

(2) 退出（正扣）：当落鱼被卡死，需要退出工具时，只要给芯轴一定的下击力，就能使圆卡瓦与芯轴的内外锯齿形螺纹脱开（此下击力可由钻柱本身重力或使用下击器来实现），再正转钻柱 2~3 圈（深井可多转几圈），圆卡瓦与芯轴产生相对位移，促使圆卡瓦沿芯轴锯齿形螺纹向下运动，直到圆卡瓦与释放环上端面接触为止（此时卡瓦与芯轴处于完全释放位置），上提钻柱，即可退出。

4) 操作方法

根据落鱼内径尺寸，选择与之相对应的可退式打捞矛。将圆卡瓦与芯轴之间涂润滑油脂后，用手转动圆卡瓦靠近释放环，使圆卡瓦处于自由状态。接好钻具下井，捞矛下至鱼顶以上 1~2m 时开泵循环，缓慢下放工具引入鱼腔，同时做好钻柱悬重记录。悬重下降较明显时（约下降 5kN），反转钻柱 2~3 周，使芯轴对圆卡瓦产生径向推力，然后上提钻柱，使卡瓦胀开而卡住鱼腔实现打捞。上提钻柱，若悬重上升明显，说明已抓获落物；若悬重无上升显示，应重复打捞动作，直至抓获落物。若上提负荷接近或大于钻柱安全负荷，可用钻柱下击芯轴，然后正转钻柱 2~3 圈，即可松开圆卡瓦，退出工具。

5) 注意事项

(1) 工具下井前应进行检查和简单的维修；卡瓦如有阻滞现象，应反复转动使其到位并涂上黄油、机油等润滑，直到转动顺畅为止。

(2) 超过芯轴弹性极限拉力后会产生塑性变形或圆卡瓦碎裂不易退出，因此活动解卡时，不能超负荷使用。

5. 可退式倒扣捞矛

以 DLM-T105×73 可退式倒扣捞矛为例对可退式倒扣捞矛进行介绍（视频 5-5）。

1) 用途

可退式倒扣捞矛主要用于油气田修井过程中打捞油管、套管及圆柱形空心状落物。

2) 结构

可退式倒扣捞矛由上接头、分瓣卡瓦、芯轴和引锥等组成,如图5-5所示。

视频5-5 DLM-T105×73可退式倒扣捞矛

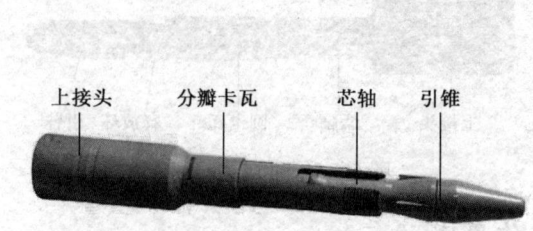

图5-5 可退式倒扣捞矛

3) 工作原理

(1) 打捞:自由状态下分瓣卡瓦外径略小于落物内径。当工具进入鱼腔,上提工具时,分瓣卡瓦自由下滑贴近落物内壁,芯轴产生一定的外胀力,使卡瓦卡紧落物内壁。随芯轴上行和提拉力的逐渐增加,芯轴的倒锥体与分瓣卡瓦落物内壁相互作用,产生径向力,使其咬住落鱼实现打捞。

(2) 退出:一旦落鱼卡死无法捞出,需退出工具时,只要给芯轴一定的下击力,就能使分瓣卡瓦与芯轴脱开(此下击力可由钻柱本身重量或使用下击器来实现),分瓣卡瓦上行至释放轨道,再正转钻具2~3圈(深井可多转几圈),分瓣卡瓦与芯轴产生相对旋转位移,促使分瓣卡瓦沿芯轴释放轨道转动120°,分瓣卡瓦即达释放位置(此时分瓣卡瓦无法自由下落),上提钻具,即可退出。

4) 操作方法

根据落鱼内径尺寸,选择与之相对应的可退式倒扣捞矛。分瓣卡瓦与芯轴之间涂润滑油脂后,将分瓣卡瓦转动靠近释放环,使分瓣卡瓦处于自由状态。工具下至鱼顶以上1~2m时,循环工作液,缓慢下放工具引入鱼腔,同时做好钻柱悬重记录。悬重下降较明显时(约下降5kN),反转钻柱2~3圈,使芯轴对分瓣卡瓦产生径向推力,然后上提钻柱,使分瓣卡瓦胀开而卡住鱼腔实现打捞。上提钻柱,若悬重上升明显,说明已抓获落物;若悬重无上升显示,应重复打捞动作,直至抓获落物。若上提负荷接近或大于钻柱安全负荷,可用钻柱下击捞矛芯轴,然后正转钻柱2~3圈,即可松开卡瓦,退出工具。

5) 注意事项

(1) 打捞时缓慢下放,严禁猛蹾,确保工具完好入鱼。

(2) 解卡、起钻或倒扣时,不允许超过许用范围。

6. 接箍(对扣)捞矛

以WLM-92×73接箍捞矛为例对接箍捞矛进行介绍(视频5-6)。

1) 用途

接箍捞矛主要用于打捞带内螺纹的管类落物或下井工具。

2) 结构

接箍捞矛由上接头、卡瓦、芯轴、冲砂管等组成,如图 5-6 所示。

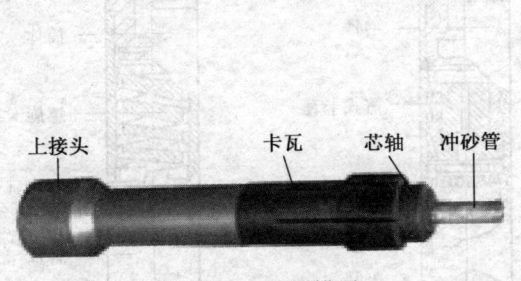
图 5-6 接箍捞矛

视频 5-6 WLM-92×73 接箍捞矛

3) 工作原理

卡瓦依其弹性变形进入防顶内螺纹中,又靠芯轴和卡瓦内外锥面贴合后的径向胀力保持对扣后的连接性能,从而抓住落鱼。

4) 操作方法

根据井内鱼顶的接箍规格选择与之相对应的接箍捞矛。将工具拧紧在打捞管柱的最下端,下入井内,下至鱼顶以上 1~2m 处开泵循环,冲洗鱼顶,待循环正常后停泵、入鱼。当悬重回降时停止下放,慢慢上提,若悬重增加,说明打捞成功,起钻,退出工具。

5) 注意事项

(1) 被捞接箍应该是完好的。

(2) 起出井后反转卡瓦即可退出工具。

7. 可退式卡瓦捞筒

1) 用途

可退式卡瓦捞筒是从落鱼外部进行打捞的一种工具,可打捞不同尺寸的油管、钻杆和套管等鱼顶为圆柱形的落鱼。

2) 结构

可退式卡瓦捞筒有篮式卡瓦捞筒(视频 5-7)和螺旋卡瓦捞筒两种形式。

篮式卡瓦捞筒由上接头、筒体、篮式卡瓦、引鞋等组成,如图 5-7(a) 所示。

螺旋卡瓦捞筒由上接头、筒体、螺旋卡瓦、引鞋等组成,如图 5-7(b) 所示。

3) 工作原理

(1) 打捞:当工具遇到落物鱼顶,落物经引鞋引入卡瓦,在落物的推压下,卡瓦外锥面与筒体内锥面脱开,卡瓦被迫胀开,落物进入卡瓦中,上提钻柱,卡瓦外螺旋锯齿形锥面与筒体内相应的齿面有相对位移,使卡瓦收缩卡咬落物,实现打捞。

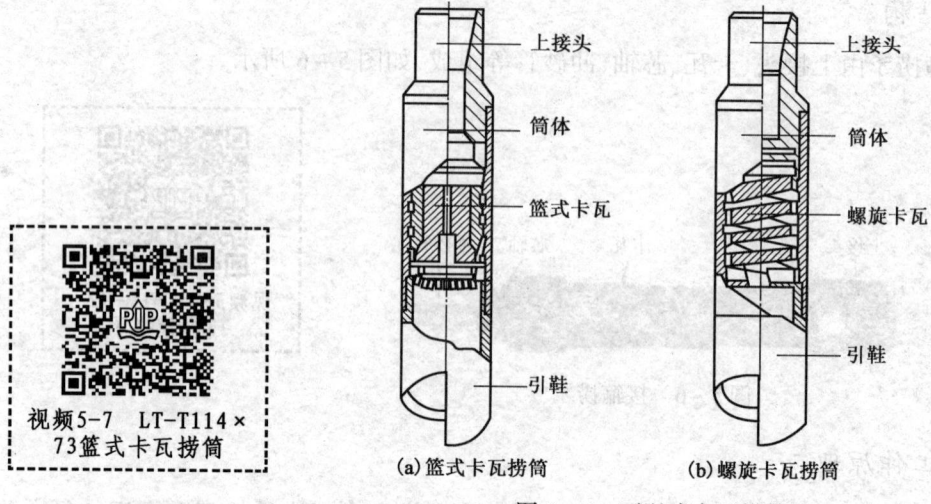

图5-7 可退式卡瓦捞筒

(2)退出：篮式卡瓦捞筒和螺旋卡瓦捞筒是一种可退式工具，只要给筒体一定的下击力，卡瓦牙会相对筒体的倒锥体面上行，卡瓦牙不再受锥体挤压，此时转动管柱，筒体也随着转动，筒体内轨道到达卡瓦牙止退位置，上提钻具，即可退出。

4）操作方法

根据落鱼尺寸选择与之相对应的可退式卡瓦捞筒，进行地面模拟打捞试验或地面检查卡瓦尺寸(用实物比对测量卡瓦自然尺寸应小于落鱼外径1~5mm)。检查打捞部位螺纹和接头螺纹是否完好无损。测量各部位的尺寸，绘出工具草图，计算鱼顶深度和打捞方入。工具下至鱼顶以上1~5m时缓慢下放，使鱼顶进入筒体，悬重下降不超过10~15kN，表明落物已进入卡瓦内。上提钻具，若悬重高于原钻具悬重，说明已捞获，否则应重新打捞。最大许用提拉负荷下仍不能提动落物，说明遇卡严重，可用钻具自身重力下击工具，然后正转管柱，上提退出。

5）注意事项

(1)螺旋卡瓦壁厚较薄时，长时间大负荷活动易造成卡瓦碎裂。

(2)不宜用于冲砂作业。

8. 开窗打捞筒

以KLT114开窗打捞筒为例对开窗打捞筒进行介绍(视频5-8)。

1）用途

开窗打捞筒是一种从落鱼外部进行打捞的工具，用来打捞载荷小、长度短的管状、柱状的具有台阶(接箍)的落物，如带接箍的油管短节、筛管、测井仪器、加重杆等。

2）结构

开窗打捞筒由上接头、筒体、窗口组成，如图5-8所示。上接头上部有与钻具连接的钻杆螺纹或油管螺纹，下端与筒体焊接；筒体上开有1~3排梯形窗口，梯形弹片向内倾斜。

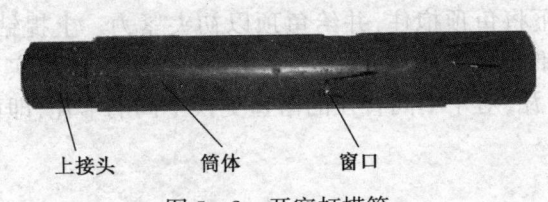

图5-8 开窗打捞筒

3) 工作原理

当落鱼进入筒体并顶入窗舌时,窗舌外胀,其反弹力抱紧落鱼本体,上提钻具,窗舌卡住落物台阶,上提钻具即可捞出落物。

4) 操作方法

根据落鱼尺寸及套管直径选择与之相对应的开窗打捞筒。检查接头螺纹及窗舌是否完好无损。用试件模拟比对打捞状态,保证窗舌形状、位置合理。测量各部位的尺寸,绘出工具草图,计算鱼顶深度和打捞方入。当工具接近鱼顶1~5m时,开泵洗井(闭窗时),缓慢下放,边放边转引鱼入筒后,下放加钻压,使窗舌越过鱼顶接箍或台阶,捞获后起钻。

5) 注意事项

(1) 打捞的落物不应卡死、砂埋,落鱼负荷不超过开窗打捞筒的最大拉力。
(2) 下井开窗如提前遇阻,应分析原因,不可盲目加压顿钻,以免造成事故。

二、杆类打捞工具

1. 不可退式抽油杆打捞筒

以CLT-55×22不可退式抽油杆打捞筒为例对不可退式抽油杆打捞筒为例进行介绍(视频5-9)。

1) 用途

不可退式抽油杆打捞筒是在套管或油管内外捞抽油杆的专用工具。

2) 结构

不可退式抽油杆打捞筒由上接头、内套、筒体、弹簧、卡瓦等组成,如图5-9所示。

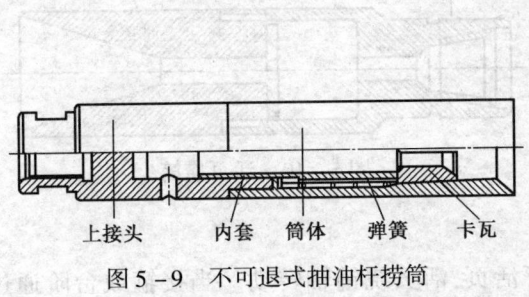

图5-9 不可退式抽油杆捞筒

3) 工作原理

当引鞋引入落鱼后,下放钻具,落鱼将卡瓦上推,压缩弹簧,卡瓦脱开锥面上行并逐渐分开,落鱼进入卡瓦。卡瓦在弹簧力作用下将鱼顶抱住,并给鱼顶以初夹紧力。上提钻具,筒体上行,在初夹紧力作用下卡瓦与筒体内锥面贴合,产生更大的夹紧力,将落鱼卡住,实现打捞。

一个筒体可以有多个不同尺寸的卡瓦,对于不同直径的落鱼更换不同的卡瓦,即可打捞不同尺寸的落鱼。

4) 操作方法

根据落鱼尺寸选择与之相对应的打捞筒,进行地面模拟打捞试验或地面检查卡瓦尺寸(用实物比对测量卡瓦自然尺寸应小于落鱼外径 1~5mm)。检查打捞部位螺纹和接头螺纹是否完好无损。测量各部位的尺寸,绘出工具草图,计算鱼顶深度和打捞方入。如落物可能卡死,则打捞筒上部应加装安全接头并接震击器。当工具下至距鱼顶 1~5m 时转动钻具,边转边放,引鱼顶入筒体,待指重表悬重下降,上提钻具悬重增加,证明落物已捞获,起钻。

5) 注意事项

考虑鱼顶引入筒体的问题,必要时可加引鞋筒等辅助工具帮助入鱼。

2. 活页捞筒

以 HYLT22 活页捞筒为例对活页捞筒进行介绍(视频 5-10)。

1) 用途

活页捞筒又称活门捞筒或"翻板",用于在大的环形空间里打捞鱼顶为台肩或接箍的小直径杆类落物或小直径管类落物,如完整的抽油杆、带台肩和带凸缘的井下仪器等。

2) 结构

活页捞筒由上接头、活页总成、引鞋等组成,如图 5-10 所示。上接头上部为钻杆螺纹连接钻具,下部呈筒形并有细牙内螺纹与筒体连接。筒体的上端面安装有活页总成,活页总成由活页座、活页、弹簧和销轴组成,活页座安装在筒体上端面,与活页上的凸缘插装在一起。销轴从活页座和活页上的小孔穿过;活页被扭力弹簧压在筒体上端面,活页中间还开一个宽度稍大于落鱼接箍直径的长形口。筒体的下端为锥形喇叭口,便于引进落鱼。

视频 5-10 HYLT22 活页捞筒

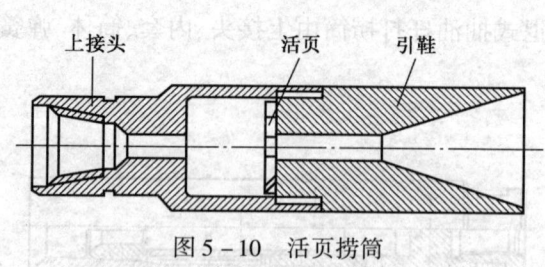

图 5-10 活页捞筒

3) 工作原理

鱼顶为接箍的落鱼引入筒体后,顶开活页,活页绕销轴转动。当接箍或台阶通过活页后,在扭力弹簧的作用下活页自动复位,接箍以下落物正好进入活页的开口里。上提工具,接箍或台肩卡在活页上,实现打捞。

4) 操作方法

检查弹簧是否有弹力,活页能否自动复位,活页开口尺寸与落鱼尺寸是否相同。用与落物相同的试件进行试验,保证工具抓捞自如,灵活好用,鱼顶穿过接头、筒体应畅通无阻滞、无挂卡。检查接头螺纹及活页是否完好无损、翻动灵活。测量各部位的尺寸,绘出工具草图,计算鱼顶深度和打捞方入。下钻至鱼顶以上 $1\sim5m$ 时,慢转慢放使引鞋入鱼。下放时应注意观察指重表悬重变化,如有轻微变化,应立即停止下放,上提钻具,当悬重增加时,说明已捞获,可以提钻;如指重表无显示,应重复打捞,直至捞获。

5) 注意事项

(1) 打捞前应摸清落物情况,鱼顶应完好无弯曲。

(2) 如井筒内有蜡、稠油或高凝油等,在工具接触鱼顶前应使用 70℃ 以上的热水洗井,保证活页灵活好用。

(3) 在套管内用此工具打捞抽油杆时,抽油杆极易受压弯曲变形,使打捞失败(未捞获或捞获后提断),增加二次打捞难度。故在打捞操作中,切不可猛放重压,必须按慢放轻压、旋转入鱼、逐级加深、多次打捞的方法操作。

3. 三球打捞器

以 SQ114-02 三球打捞器为例对三球打捞器进行介绍(视频 5-11)。

1) 用途

三球打捞器是专门用来在套管内打捞抽油杆接箍或抽油杆加厚台阶部位及小直径管类的打捞工具。

2) 结构

三球打捞器由筒体、钢球、引鞋等组成,如图 5-11 所示。在筒体上均匀分布 3 个等直径斜孔,与筒体内通径交汇。3 个斜孔内各装一个大小一致的钢球,并被连接在筒体下端的引鞋限位。引鞋下部内孔有很大的锥角,以便引入落鱼。工具从上至下有水眼,可进行循环。改进的三球打捞器在钢球的后面加装弹簧,以增加其开合力。

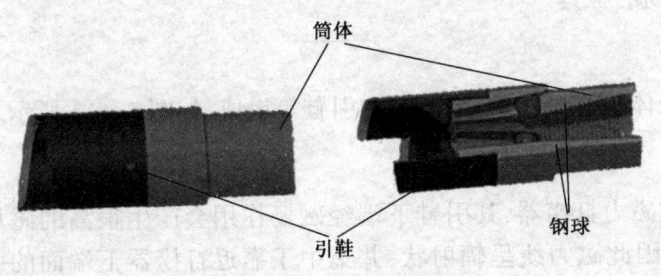

视频 5-11　SQ114-02 三球打捞器

图 5-11　三球打捞器

3) 工作原理

三球打捞器靠3个钢球在斜孔中位置的变化来改变3个钢球公共内切圆直径的大小,从而允许抽油杆台阶和接箍通过。带接箍或台阶的抽油杆进入引鞋后,接箍或台阶推动钢球沿斜孔上升,3个钢球形成的内切圆逐渐增大。待接箍或台阶通过3个钢球后,3个钢球依靠自重沿斜孔回落,停靠在抽油杆本体上。上提钻具,抽油杆台阶或接箍因尺寸较大无法通过而压在3个钢球上,斜孔中的3个钢球在斜孔的作用下给落物以径向夹紧力,从而抓住落鱼。

4) 操作方法

根据落鱼形状选择合适的三球打捞器。用与落物相同的试件进行试验,应保证抓捞自如、灵活好用,鱼顶穿过接头、筒体应畅通无阻滞、无挂卡。地面检查接头螺纹是否完好,检查工具外径尺寸是否符合套管尺寸要求,并检查钢球是否滑动自如并涂机油润滑,同时检查三球开口尺寸与落鱼尺寸是否相同。测量各部位的尺寸,绘出工具草图,计算鱼顶深度和打捞方入。将三球打捞器连接在工具管柱最下端,直接下井。下钻至鱼顶以上1~5m时,慢转慢放使引鞋入鱼。下放时应注意观察指重表悬重变化,如有轻微变化,应立即停止下放,上提钻具,悬重增加时,说明已捞获,可以提钻;如指重表无显示,应重复打捞,直至捞获。

5) 注意事项

(1) 如井筒内有蜡、稠油或高凝油等,在工具接触鱼顶前应使用70℃以上的热水洗井,保证钢球滑动自如。

(2) 在套管内用此工具打捞抽油杆时,抽油杆极易受压弯曲变形,使打捞失败(未捞获或捞获后提断),增加二次打捞难度。故在打捞操作中,切不可猛放重压,必须按慢放轻压、旋转入鱼、逐级加深、多次打捞的方法操作。

三、小件落物打捞工具

1. 磁力打捞器

以CL100ZG磁力打捞器为例对磁力打捞器进行介绍(视频5-12)。

1) 用途

磁力打捞器是用来打捞在修井作业中掉入井里的钻头巴掌、牙轮、轴、卡瓦牙、钳牙、手锤及油管、套管碎片等小件铁磁性落物的工具。

2) 结构

磁力打捞器由上接头、压盖、壳体、磁钢、芯铁、隔磁套和引鞋等组成,如图5-12所示。

3) 工作原理

以一定形状和体积的磁钢制成磁力打捞器,其引鞋下端经磁场作用会产生很高的磁场强度。由于磁钢的磁通路是同心的,因此磁力线呈辐射状,并集中于靠近打捞器下端面的中心处,可以把小块铁磁性落物磁化吸附在磁极中心,实现打捞。

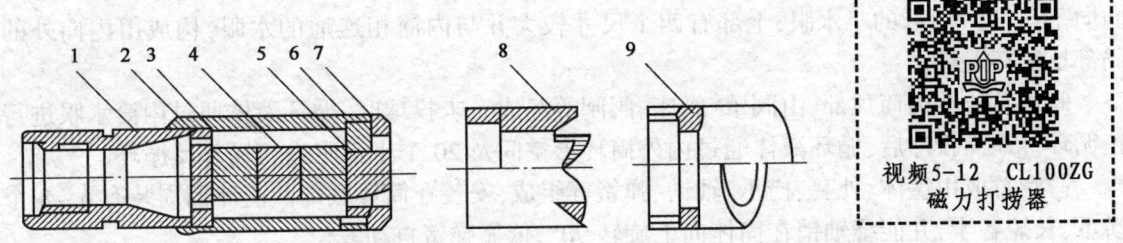

图 5-12 磁力打捞器

1—上接头；2—压盖；3—壳体；4—磁钢；5—芯铁；6—隔磁套；
7—平鞋；8—磨铣鞋；9—引鞋

4) 操作方法

磁力打捞器下至鱼顶以上 1～5m，开泵循环，冲洗落物。保持循环（低排量）缓慢下放钻具，接触落物，注意悬重下降不超过 10kN，然后上提钻具 1～5m，将工具转动 90°，再重复打捞作业。

5) 注意事项

(1) 磁力打捞器入井前，必须用木板或胶皮与其他铁磁性设备隔开。

(2) 操作者不允许手拿铁磁性工具接近磁力打捞器底部，以防伤人。

(3) 打捞时操作要平稳，防止顿钻损坏磁钢和芯铁。

2. 局部反循环打捞篮

以 FLL03 反循环打捞篮为例对局部反循环打捞篮进行介绍（视频 5-13）。

1) 用途

局部反循环打捞篮主要用于打捞井底重量较轻、碎散的落物，如螺母、射孔子弹垫子、钳牙、碎散胶皮、钢球、泵阀座等，也可抓获柔性落物，如钢丝绳等。

2) 结构

局部反循环打捞篮由上接头、筒体总成、阀体总成、篮筐总成、铣鞋总成等组成，如图 5-13 所示。

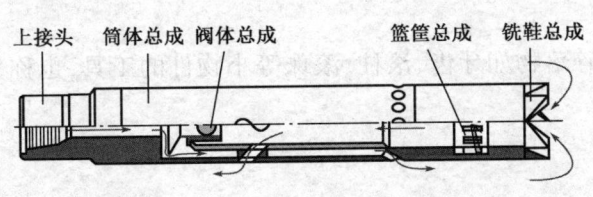

图 5-13 局部反循环打捞篮

筒体总成由外筒与内筒组焊在一起,并且有环形通道的桥式工作筒。外筒下部有20个方向向下、斜度为15°的小水眼,上部有四个尺寸较大并与内筒相连通的水眼,构成由内向外的局部反循环通道。

阀体总成在内筒顶部,由阀罩、阀座、阀闸等组成。未投球时,循环液体通过内筒水眼进行正循环。地面投球后,循环液体通过内外筒环形空间及20个小水眼进行局部反循环。

篮筐总成由筐体、外套、捞爪、轴销、弹簧等组成,安装在筒体底部。筐体四周装有6~8个捞爪,长短各半,并能绕轴销在筒体向上旋转90°,依靠弹簧自动复位。

3) 工作原理

下钻到井底,充分循环钻井液,清洗井底。然后停泵,投入一钢球,待钢球坐于球座上后,堵塞钻井液向下的通道,迫使钻井液流经双层筒的环形间隙由下水眼射向井底,然后从井底通过铣鞋进入捞筒内部经上水眼返到井眼环空,形成局部反循环。在钻井液反循环作用力的冲击和携带下,被铣鞋拨动的碎物随钻井液一起进入筐体。当停止循环时,捞爪关闭,落物集中在捞筒内而被捞出。

4) 操作方法

检查各零部件尤其篮筐总成是否完好灵活,可用手指或工具轻顶捞爪观察是否可以自由旋转,回位是否及时灵活;同时检查水眼是否畅通。卸开提升接头,测量钢球直径是否合格,并将球投入工具试验,检查钢球入座情况是否正常可靠。测量各部位的尺寸,绘出工具草图,计算鱼顶深度和打捞方入。将工具接上钻具,下至距鱼顶以上1~5m处开泵洗井,正常后投入钢球。泵压略有升高时,说明球已入座。慢慢下放钻具至预定井深,再略上提1~2m后,用较快的速度下放至井底以上0.2~0.3m,如此反复进行几次。如工具为带有铣鞋的常用型,可边冲洗边转动钻具,用铣齿拨动落物或少量钻进,使落物随洗井液进入筐体,然后提钻起出落物。

5) 注意事项

(1) 井内有砂时,应先冲砂后再下局部反循环打捞篮进行打捞。

(2) 使用一把抓篮筐总成时,只能进行投球打捞操作,不能钻进。在投球形成局部反循环冲洗打捞完毕之后,收拢一把抓。

(3) 应对洗井液进行除砂处理,以防止堵塞小水眼而使打捞失败。使用普通式篮筐总成打捞时,只能按投球打捞操作,不能钻进。

3. 捞杯

1) 用途

捞杯是在钻进过程中用于打捞细碎落物如牙齿、滚柱、滚珠等小物件的工具,也称为随钻沉淀杯。

2) 结构

捞杯由上接头、中心杆、杯体、下接头等组成,如图5-14所示。

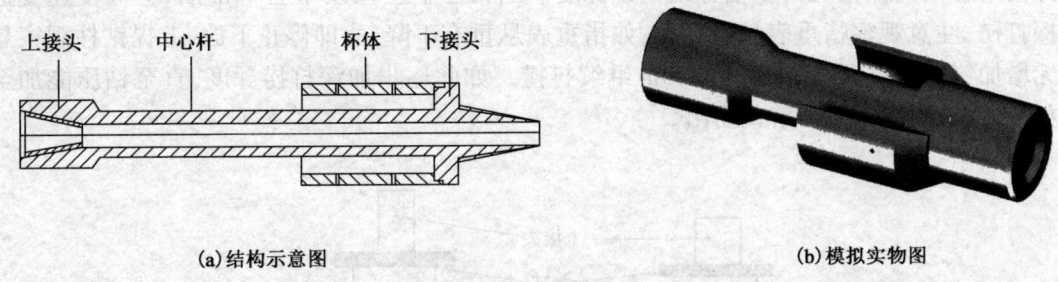

(a) 结构示意图　　　　　　　　　　(b) 模拟实物图

图 5-14　捞杯

3) 工作原理

捞杯的外筒外径较大，与井眼形成的环形间隙较小，而杯口处的心轴直径较小，与井眼形成的环形间隙较大。因此，钻井液上返时在杯口处流速突然下降，形成涡流，其携带能力也大大减弱，钻井液携带的较重碎物便落入杯中，在起钻时随钻具捞出。

4) 操作方法

将一个或数个捞杯接在钻头或铣磨工具上，随着钻进或铣磨的进行，在循环液的循环下捞杯即可自动储存较重的碎物。

5) 注意事项

(1) 待井底沉砂冲净后，在井底转动捞杯，变换循环液的排量冲洗数分钟即可起钻。

(2) 捞杯杯口处是平台肩，因此起钻至套管鞋处要特别注意，防止杯口挂住套管鞋，造成钻具事故。

四、绳缆类打捞工具

1. 内钩和外钩

1) 用途

内钩和外钩主要用于打捞井内脱落的钢丝绳、电缆、录井钢丝、清蜡钢丝等落物，是打捞绳缆类落物理想的专用工具。

2) 结构

内钩和外钩均由上接头、挡环、钩身、钩齿等组成，如图 5-15 所示。

3) 工作原理

靠钩身插入绳缆内，钩齿刮住绳缆，转动钻柱，形成缠绕，实现打捞。

4) 操作方法

根据套管内径或钻头直径选择工具，其外径与套管内径或井眼直径的间隙不得大于电缆直径。检查接头螺纹是否完好,各焊点是否牢固无损,钩齿是否合适锐利。工具下入之前,应根据井内落物的具体情况初步估算出鱼顶深度。当钻柱下至鱼顶以上 50m 后,应放慢速度进行试探打捞,注意观察指重表悬重变化,如指重表悬重有下降,立即停止下放,上提钻柱观察悬重有无增加,如无反应可以加深 5~10m 继续打捞。如此逐步加深打捞深度,直至钻压能加至 5kN 左右为止,即可提钻将落鱼捞出。

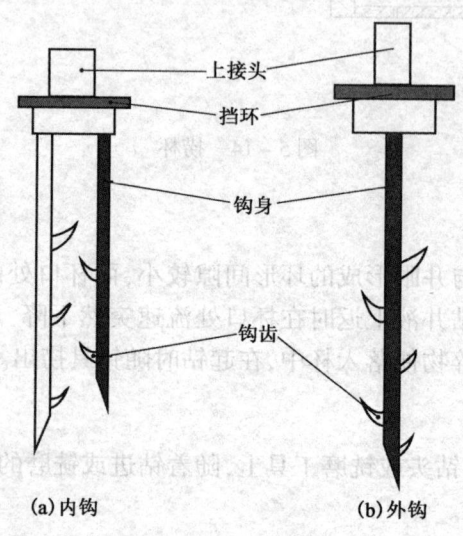

图 5-15　内钩和外钩

5) 注意事项

(1) 在打捞操作时,应严格自鱼顶以上 50m 开始逐步增加打捞深度,采用多次慢下、逐级加深、微压多提、多次打捞的方法。决不能盲目快速下放或加较大的钻压打捞。

(2) 为了防止形成"钢丝活塞"而造成工具卡钻,可以在外钩接头上部连接较大直径的防卡接头或在接头与钩身处增加防卡盘。

2. 活动外钩

1) 用途

活动外钩用于从套管内打捞各种规格的电缆钢丝绳或抽油杆等落物。

2) 结构

活动外钩由接头、销轴、钩体和活钩等组成,如图 5-16 所示。

3) 工作原理

钩体和活钩插入落物之中,压盖挡住落物并压迫其下行,活钩回缩,落物被压变形。上提钻具,活钩张开,落物被钩体钩住,旋转钻具使落物缠绕在钩体上,提钻即可将落物取出。压盖的另一作用是防止钻具上提时钩尖钩刮套管接箍与套管连接形成的台肩处。

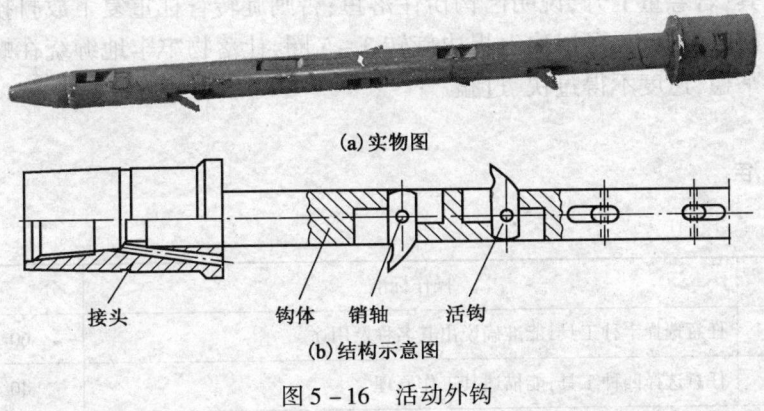

(a)实物图

(b)结构示意图

接头　钩体　销轴　活钩

图 5-16　活动外钩

4) 操作方法

打捞电缆或钢丝绳时,工具下至鱼顶后,只要有遇阻显示,即应上提并旋转钻具。钻具上提 1~1.5m,转动 5~8 圈,再下放、上提、转动,如此反复进行 4~5 次。在反复上提下放过程中,若方入有所加深,说明已捞获落鱼,提钻即可将落物取出。

3. 螺旋外钩

1) 用途

螺旋外钩主要用于从套管内打捞各种成团的绳类电缆等落物。

2) 结构

螺旋外钩由接头、中心杆、钩齿等组成,如图 5-17 所示。接头连接下井管柱;中心杆由直径为 30~60mm 的圆钢加工而成,底部为螺旋锥体;钩齿采用钢板材料,因此螺旋外钩具有较高的强度。螺旋锥体在打捞过程中通过旋转可钻入成团压实的电缆中,上提时可将成团压实的电缆带出井口,或将电缆提拉使其松散后有利于钩齿下入打捞。因此,螺旋外钩使用打捞电泵电缆。

3) 工作原理

当钩体接近成团的绳类电缆时,用泵车进行循环,旋转管柱并加压,使螺旋外钩钻入成团的绳类或电缆内,并缠绕在钩体上,上提管柱,实现打捞。

4) 操作方法及注意事项

(1) 选择合适的螺旋外钩,要特别注意防卡圆盘的外径与套管内径之间的间隙要小于被打捞绳类落物的直径。

(2) 将工具下入井内,至落鱼以上 50m 时缓慢下放,边下放边记录钻具悬重。

(3) 缓慢下放钻具,使钩体插入落鱼内的同时旋转钻具,注意悬重稍有下降即可。

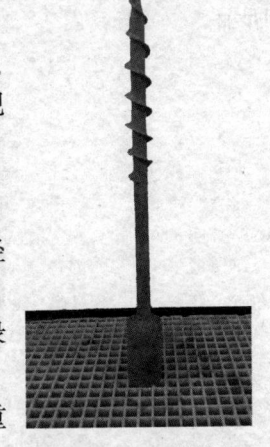

图 5-17　螺旋外钩

(4)上提钻具,若悬重上升,说明已钩捞住落鱼;否则旋转管柱重复下放打捞,直至捞获。
(5)如果确定已经捞上,可以边上提边旋转3~5圈,让落物牢牢地缠绕在螺旋外钩上。
(6)起钻应平稳,速度不得过快、过猛。

**考核标准**

检查项目	操作标准	分　数	扣　分
认识打捞工具	任意选择十种工具,能准确说出其名称及用途	60	
工作原理	任意选择四种工具,能描述其工作原理	40	
合计		100	

任务 2　判断铅模印痕

实习目的及要求

(1)掌握铅模打印施工的操作方法。
(2)能够正确分析判断铅模印痕。

一、工具准备

铅模1个,游标卡尺1个,内外卡尺1副,钢板尺1个,照相机1部。

二、铅模印痕的认识

当井下落物情况不明或落鱼变形情况不明时,无法决定下何种打捞工具,此时就需要用铅模来探测落鱼形状、尺寸和位置。有时,套管断裂、错位或挤扁,也需要用铅模来加以证实。

完整的没有用过的铅模如图5-18所示,常见的铅模印痕情况如图5-19至图5-23所示。

图 5-18　铅模　　　　　　图 5-19　落物为抽油杆本体

图 5-20 落物为油管接箍

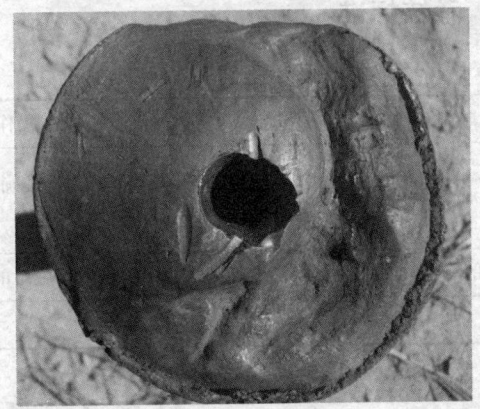

图 5-21 套管缩径错位

图 5-22 落物为油管

图 5-23 套管缩径

三、操作步骤

(1) 根据井眼直径和探测目标,选择铅模的形状和尺寸,一般要求其直径小于井径的10%。

(2) 下井前,应将铅模的表面(包括底面及周围)整理平整,不留残余印痕。

(3) 井眼必须畅通无阻,下铅模时不允许遇阻;如有遇阻,不许用转动铅模的办法消除阻力,应立即起钻。

(4) 下至鱼顶附近0.5~1m时,开泵循环,并缓慢下放。

(5) 下放打印,当遇阻5kN时,停泵,根据套管直径加压(5½in套管加压50~60kN,7in套管加压7~8kN),静待30s,缓慢上提。

(6) 铅模起出井口后,应先清洗干净,分析印痕,然后再从钻柱上卸下。卸下铅模时,要保护印痕部位不受外力擦损。卸下的铅模应底部朝上放置,便于观察分析。

(7) 用照相机拍照铅模并存档,以保留铅模原始印痕。

 **考核标准**

检查项目	操作标准	分数	扣分
判断印痕并选择打捞工具	任意给出三种铅模印痕,能准确判别井下落物的情况,并能选择合适的打捞工具	60	
铅模打印施工	能准确完整说出铅模打印施工的操作步骤	40	
合计		100	

任务3 管类落物打捞

 实习目的及要求

(1)会根据管类落物的情况选择正确的打捞工具。
(2)掌握管类落物打捞的施工操作步骤。

一、操作步骤

1. 选择打捞工具

依据井内管类落物鱼顶状态选择合适的打捞工具(选择依据见表5-1)。

表5-1 管类落物常用打捞工具选择

工具名称		适用范围
内捞工具	公锥	(鱼顶带接箍或接头)被卡落物
	滑块捞矛	(鱼顶带接箍或接头)经套铣需倒扣的落物
	可退式打捞矛	(鱼顶带接箍或接头)可能遇卡的井下落物
	可退式倒扣捞矛	(鱼顶带接箍或接头)遇卡落物或经套铣出的部分落物
	接箍捞矛	油管接箍完好及下部落物无卡
外捞工具	母锥	鱼顶为油管、钻杆本体等工具
	可退式卡瓦捞筒	鱼顶外径基本完整而可能有卡的井下落物
	卡瓦捞筒	鱼顶外径基本完整而部分可倒出落物
	开窗打捞筒	鱼顶外径基本完整并带接箍或接头台肩的无卡落物

2. 完成打捞管柱

连接打捞工具并下入,控制下放速度,打捞管柱下至预测落物顶部以上10m时,停止下放管柱。

3. 冲洗鱼顶

连接水泥车管线,下放管柱至落物以上 5~6m 时开泵洗井,缓慢下放至落物位置加压 10kN,保证鱼顶冲洗干净、彻底。

4. 轻探鱼顶

在试探鱼顶时,必须缓慢下放管柱,认真观察拉力表指针变化。对鱼顶所加钻压不准超过 10kN。在下探过程中,注意观察钻具指重变化,当钻具指重有下降趋势时,停止下放并记录管柱悬重。

5. 打捞

根据打捞工具的工作原理进行打捞(公锥、母锥造扣打捞时,所加钻压为 20~50kN,转动要慢,旋转圈数一般为 8~12 圈)。

6. 试提

打捞时要试提、试放,观察拉力表指针变化,判断是否捞上,判断遇卡情况:(1)若井内落物质量很轻(1~2 根油管)且不卡,试提时,落鱼是否捞上指重显示不明显,此时应在旋转管柱同时,反复上提下放管柱 2~3 次后再上提管柱。(2)若井内落物质量较重且不卡,试提时,指重明显上升,可确定落鱼已捞上。(3)若井内有砂,一般有少部分落鱼插入砂面,则先试提再下放,观察管柱下放位置,如果高于原打捞位置,可确定落鱼已捞上。(4)若井内落物被卡,试提时指重明显上升,不可硬拔,应上提下放管柱活动解卡,当指重明显下降时,可确定落鱼已被捞上。

7. 起钻

若捞获落鱼,上提起管柱,做到起钻平稳,速度要慢。管柱卸扣时一定要打好背钳,井内管柱不准转动。若捞上落鱼发现被卡且解卡无效,需退出打捞工具时,则利用钻具下击加压,上提管柱至原悬重,正转打捞管柱 2~3 圈。重新进行步骤 1~6,直至落鱼捞上。

8. 操作后检查

每次打捞后均应仔细检查打捞工具,如损坏应及时更换。

9. 资料录取

需要录取的资料包括打捞工具名称、规格、长度,打捞深度及循环冲洗情况,捞出落物名称、规格、长度、数量及打捞过程中发生的现象等(表 5-2);下井工具应绘有结构示意图,打印应有印痕描绘图(表 5-3);井下仍有落物时,应有示意图,并注明落物名称及各部规格、长度、鱼顶深度、形状、连接关系等;其他应录取资料按有关规定要求录取。

二、注意事项

(1)施工前要仔细检查井架、绷绳、地锚、大绳、死绳头等部位。

表 5－2　打捞操作资料记录表

施工工序	工具名称	外径 mm	内径 mm	长度 m	井内管柱根	循环冲洗方式	循环冲洗情况描述	工具草图	管柱图
打捞		打捞落物（鱼顶）	井内余物描述	打捞情况描述	悬重变化 kN	活动范围 m	捞出落物名称		
		捞出落物情况描述	井内余物鱼顶名称	井内余物描述	其他情况描述				

表 5－3　打印铅模资料记录表

施工工序	工具名称	外径 mm	内径 mm	长度 m	井内管柱根	循环冲洗方式	循环冲洗情况描述	工具草图	管柱图
打印		循环冲洗井段,m	返出物描述	悬重变化 kN	提出铅印描述				
		其他情况描述		提出铅印示意图					

(2) 指重表要灵活好用。
(3) 打捞管柱必须上紧,防止脱扣。
(4) 打捞过程中,要有专人指挥,慢提慢放,并注意观察指重表的指重变化。
(5) 下打捞管柱及打捞过程中,要装好自封封井器,防止小件工具落井。
(6) 起钻过程中,操作要平稳,防止顿井口。

考核标准

检查项目	操作标准	分数	扣分
准确选择打捞工具	任意描述五种井下落物的情况,能说出应选择的打捞工具名称	50	
操作步骤	操作步骤正确完整	50	
合计		100	

任务4 杆类落物打捞

实习目的及要求

(1) 会根据杆类落物的情况选择正确的打捞工具。
(2) 掌握杆类落物打捞的施工操作步骤。

一、操作步骤

1. 选择打捞工具

应依据井内杆类落物鱼顶状态、规范、形状和所制订的打捞方案选择打捞工具,且应优先选择可退式打捞工具。工具选择可参照表5-4。

表5-4 杆类落物常用打捞工具选择

工具名称	适用范围
不可退式抽油杆打捞筒	打捞断脱在油管或套管内抽油杆
活页捞筒	在大的环形空间里打捞鱼顶为带台肩或接箍的小直径落物
三球打捞器	在套管内打捞抽油杆接箍或加厚台肩部位

2. 完成打捞管柱

连接打捞工具并下入,控制下放速度,打捞管柱下至预测落物顶部以上10m时,停止下放管柱。

3. 冲洗鱼顶

连接水泥车管线,下放管柱至落物以上5~6m时开泵洗井,缓慢下放至落物位置加压10kN,保证鱼顶冲洗干净、彻底。

4. 轻探鱼顶

在试探鱼顶时,必须缓慢下放管柱,认真观察拉力表指针变化。对鱼顶所加钻压不准超过10kN。在下探过程中,注意观察钻具指重变化,当钻具指重有下降趋势时,停止下放并记录管柱悬重。

5. 打捞

根据打捞工具的工作原理进行打捞。

6. 试提

打捞时要试提、试放,观察拉力表指针变化,判断是否捞上,判断遇卡情况。

7. 活动解卡

在试提中若负荷过大遇卡时,不可硬拔,应采用上提下放管柱活动解卡。

8. 起钻

捞获落鱼后上提起管柱,做到起钻平稳,速度要慢。管柱卸扣时一定要打好背钳,井内管柱不准转动。

9. 操作后检查

每次打捞后均应仔细检查打捞工具,如损坏应及时更换。

10. 资料录取

杆类落物打捞时需要录取的资料与管类落物打捞一致。

二、注意事项

杆类落物打捞时的注意事项与管类落物打捞一致。

考核标准

检查项目	操作标准	分 数	扣 分
准确选择打捞工具	任意描述五种井下落物的情况,能说出应选择的打捞工具名称	50	
操作步骤	操作步骤正确完整	50	
合计		100	

任务 5　小件落物打捞

实习目的及要求

(1)会根据落井小件落物的情况选择正确的打捞工具。
(2)掌握小件落物打捞的施工操作步骤。

一、操作步骤

1. 选择打捞工具

依据井内小件落物鱼顶状态选择合适的打捞工具(选择依据见表5-5)。

表 5-5 小件落物常用打捞工具选择

工具名称	适用范围
磁力打捞器	可进入筒体内的铁磁落物
局部反循环打捞篮	体积很小或已成为碎屑的落物
抓捞类打捞工具	未成为碎屑的落物
自制打捞工具	针对某种落物设计专用
套铣、磨铣工具	其他工具无法打捞时使用

2. 完成打捞管柱

连接打捞工具并下入,控制下放速度,打捞管柱下至预测落物顶部以上 10m 时,停止下放管柱。

3. 冲洗鱼顶

连接水泥车管线,下放管柱至落物以上 5~6m 时开泵洗井,缓慢下放至落物位置加压 10kN,保证鱼顶冲洗干净、彻底。

4. 轻探鱼顶

在试探鱼顶时,必须缓慢下放管柱,认真观察拉力表指针变化。对鱼顶所加钻压不准超过 10kN。在下探过程中,注意观察钻具指重变化,当钻具指重有下降趋势时,停止下放并记录管柱悬重。

5. 打捞操作

(1) 磁力打捞器:工具在预计落物位置以上 5~10m 时开泵。在保证循环条件下,控制下放速度不大于 15m/min,缓慢下放至指重表有下降显示为止。再上提 2~3m 循环洗井,停泵,从不同方向加压 5kN,起钻。

(2) 局部反循环打捞篮:工具下至距预计落物位置 5~10m 时开泵。在保证循环条件下,控制下放速度不大于 15m/min,缓慢下放至指重表有下降显示为止。再上提 0.1~0.2m 投球,以不低于 300L/min 的排量反循环洗井 0.5~1h,起钻。

(3) 抓捞类打捞工具:打捞工具在预计落物位置以上 5~10m 时开泵洗井,并控制下放速度小于 15m/min,缓慢下放至指重表有下降显示为止。接触落物后,加钻压使悬重下降 10~30kN。需转动的工具转速控制在不大于 65r/min。

(4) 套铣工具:套铣管柱下至落物以上 5~6m 时开泵洗井,缓慢下放至落物位置加压 10~20kN,转速控制在 50~85r/min,排量应根据环空大小、落物深度确定。套铣完后循环洗井一周以上,保证井底干净。

6. 起钻

捞获落鱼后上提起管柱,做到起钻平稳,速度要慢。管柱卸扣时一定要打好背钳,井内管柱不准转动。

7. 操作后检查

起出工具检查捞获情况,根据检查情况决定继续使用此工具打捞或进行更换。

8. 资料录取

小件落物打捞时需要录取的资料与管类落物打捞一致。

二、注意事项

小件落物打捞时的注意事项与管类落物打捞一致。

考核标准

检查项目	操作标准	分数	扣分
准确选择打捞工具	任意描述五种井下落物的情况,能说出应选择的打捞工具	50	
操作步骤	操作步骤正确完整	50	
合计		100	

任务6 绳缆类落物打捞

实习目的及要求

(1)会根据井内绳缆类落物的情况选择正确的打捞工具。
(2)掌握绳缆类落物打捞的施工操作步骤。

一、操作步骤

1. 选择打捞工具

依据井内绳缆类落物状态选择合适的打捞工具(选择依据见表5-6)。

表5-6 绳缆类落物常用打捞工具选择

工具名称	适用条件
内钩	较松散的绳缆类落物
外钩	较松散的绳缆类落物
活动外钩	自由状态和挤压成团状的绳缆类落物
螺旋外钩	破碎严重的绳缆类落物

2. 完成打捞管柱

连接打捞工具下入,控制下放速度,打捞管柱下至预测落物顶部以上100m时,停止下放管柱。

3. 冲洗鱼顶

连接水泥车管线,下放管柱至落物以上 5~6m 时开泵洗井,缓慢下放至落物位置加压 10kN,保证鱼顶冲洗干净、彻底。

4. 轻探鱼顶

在试探鱼顶时,必须缓慢下放管柱,认真观察拉力表指针变化,对鱼顶所加钻压不准超过 5kN。

5. 旋转下探

缓慢下放管柱,速度控制在 10~20m/min,同时顺螺纹紧扣方向缓慢旋转管柱,观察指重表的变化。

6. 旋转打捞

当指重表悬重有下降显示时,应立即停止下放管柱,顺螺纹紧扣方向旋转 5~10 圈(根据井深可适当增加圈数)后上提管柱 10~30m,观察悬重有无增加,若无增加可加深 10~15m 继续打捞;逐步加深打捞直至钻压加到 5kN 时,停止打捞。

7. 起钻

捞获落鱼上提起管柱,做到起钻平稳,速度要慢。管柱卸扣时一定要打好背钳,井内管柱不准转动。若一次未捞完,应重复打捞直至捞出全部落物为止。

8. 操作后检查

起出工具检查捞获情况,根据检查情况决定继续使用此工具打捞或进行更换。

9. 资料录取

绳缆类落物打捞时需要录取的资料与管类落物打捞一致。

二、注意事项

绳缆类落物打捞的注意事项与管类落物打捞一致。

考核标准

检查项目	操作标准	分数	扣分
准确选择打捞工具	任意描述三种井下落物的情况,能说出应选择的打捞工具	50	
操作步骤	操作步骤正确完整	50	
合计		100	

项目二 解 卡

任务1 测 卡 点

 实习目的及要求

(1)掌握测卡点的工艺原理。
(2)能够正确进行测卡点操作及卡点位置计算。

一、工具准备

钢板尺1个,绘图工具1套。

二、测卡点的工艺原理

测卡点常用的方法有计算法、测卡仪测卡法两种,现场常采用计算法测卡点。

计算法测卡点是使用原管柱提拉法推算卡点位置,其理论依据是胡克定律。计算法又分为理论计算法和经验公式计算法两种。

(1)理论计算法。理论计算法的计算公式为:

$$L = \frac{EFx}{P} \tag{5-1}$$

式中 L——卡点深度,m;
  E——钢材弹性模数,$2.1\times10^4 \text{kN/cm}^2$;
  F——油管环形截面积,cm^2;
  x——油管平均伸长量,m;
  P——油管平均拉伸拉力,kN。

(2)经验公式计算法。经验公式计算法的计算公式为:

$$L = \frac{Kx}{P} \tag{5-2}$$

式中 L——卡点深度,m;
  K——计算系数,常用的值可由表5-7查出;
  x——油管平均伸长量,m;
  P——油管平均拉伸拉力,kN。

表5-7 各种类型管类计算系数

管类	外径,mm	壁厚,mm	K
钻杆	73	9	3800
油管	60	5	1800
油管	73	5.5	2450
油管	89	6.5	3750

三、操作步骤

(1) 检查井架、绷绳、地锚、游动系统、提升系统等部位是否完好,指重表是否灵活好用。

(2) 将吊卡扣在最后一根下井管柱上,挂上吊环。

(3) 上提管柱,当上提负荷比井内管柱悬重稍大时停止上提,记录第一次上提拉力,记为 P_A。

(4) 在与防喷器法兰上平面平齐位置的油管上做第一个标记,作为 A 点。

(5) 继续上提管柱,当上提负荷超过第一次上提拉力 30kN 时,停止上提,记录第二次上提拉力,记为 P_B。

(6) 在与防喷器法兰上平面平齐位置的油管上做第二个标记,作为 B 点。

(7) 用钢板尺测量 A 点与 B 点之间的距离,记为 x_1。

(8) 继续上提管柱,当上提负荷超过第二次上提拉力 30kN 时,停止上提,记录第三次上提拉力,记为 P_C。

(9) 在与防喷器法兰上平面平齐位置的油管上做第三个标记,记为 C 点。

(10) 用钢板尺测量 A 点与 C 点之间的距离,记为 x_2。

(11) 继续上提管柱,当上提负荷超过第三次上提拉力 30kN 时,停止上提,记录第四次上提拉力,记为 P_D。

(12) 在与防喷器法兰上平面平齐位置的油管上做第四个标记,记为 D 点。

(13) 用钢板尺测量 A 点与 D 点之间的距离,记为 x_3。

(14) 下放管柱,卸掉提升系统负荷。

(15) 计算三次上提拉伸拉力及三次平均拉伸拉力(单位为 kN):

第一次上提拉伸拉力 $P_1 = P_B - P_A$;

第二次上提拉伸拉力 $P_2 = P_C - P_A$;

第三次上提拉伸拉力 $P_3 = P_D - P_A$;

平均拉伸拉力 $P = (P_1 + P_2 + P_3)/3$。

(16) 计算三次上提拉伸的平均油管伸长量 x(单位符号为 cm):

$$x = (x_1 + x_2 + x_3)/3$$

(17) 根据式(5-2)计算卡点位置。

四、技术要求

(1) 测卡点施工前必须检查井架、绷绳、大绳、死绳部分,并加固。

(2) 测卡点施工中,要有专人指挥。

(3) 操作人员必须站在安全位置,并指定专人观察绷绳及地锚。

(4) 施工中上提负荷不能超过井架安全负荷和管柱的抗拉强度。

(5) 每次管柱上提拉力和油管伸长量等数据必须记录准确。

五、测定卡点深度的意义

(1) 可以确定大修施工中管柱倒扣时的悬重,即确定管柱的中和点,以便施工中能准确地从卡点处倒开,减少打捞次数。

(2)可以确定管柱切割的准确位置,保证切割时在卡点上部1~2m处切断。
(3)判断套管损坏的准确位置,有利于对套管损坏部位进行修复。
(4)判断管柱被卡类型,有利于事故的处理。

考核标准

检查项目	操作标准	分 数	扣 分
测卡点原理	理解测卡点的工艺原理	20	
操作步骤	正确完整地描述测卡点的步骤	60	
技术要求	完整准确回答出测卡点的技术要求	20	
合计		100	

任务2　砂　　卡

实习目的及要求

掌握砂卡的原因及解除方法。

一、基本知识

1. 砂卡的定义及分类

在油水井生产或井下作业中,由于地层出砂或工程用砂及压裂砂埋住部分管柱,造成管柱不能正常提出井口的现象称为砂卡。砂卡分为光管柱卡和井下工具卡两种。

2. 砂卡的主要原因

(1)在油井生产过程中,由于地层疏松或生产压差过大,油层中的砂子随油流进入油套环形空间后逐渐沉淀造成砂埋一部分管柱形成砂卡。
(2)冲砂作业时,由于排量不足或洗井液携砂能力差,不能将砂子洗出井外造成砂卡。施工中由于液量不足、冲砂进尺太快、接单根时间过长、因故不能连续施工都会造成砂子下沉埋住管柱而卡钻。
(3)压裂施工中,由于管柱深度不合适、砂比大、压裂液不合格及压裂后放压太猛也会造成砂卡。
(4)在填砂作业中,由于砂比太大、未持续活动管柱也会造成砂卡。

二、砂卡的解除方法

1. 活动管柱解卡

慢提管柱,当负荷增加到一定值(小于井架及管柱允许的安全负荷)时,迅速下放管柱卸载。注意每活动 5~10min 要停止一段时间，使油管和设备消除疲劳。重复上述操作，直至解卡成功，起出井内管柱，转入下步施工工序。若解卡不成功，则转入其他解卡方式。

这种方法比较简便，不用特殊的工具设备，只需采用灵敏准确的指重表（或拉力计），但要加固井架绷绳。

2. 憋压解卡

连接试压管线后，管线试压至最高工作压力的 1.5 倍，泵车小排量向油管内泵入清水，观察试压装置上的压力表读数，当压力达到设计压力时停泵，快速泄掉井内压力。重复憋压、放压操作，直至憋通砂卡。也可与活动管柱解卡相互配合进行，憋压重复进行数次后，上提下放活动管柱解卡交替进行，直至解除砂卡。若此种解卡方法不成功，可采取其他解卡方法。

3. 冲管解卡

利用小直径且出口带斜面的冲管下至砂面以上 5~10mm 处，在油管内进行循环冲洗带出砂子，逐渐解除砂卡。

利用这种方法解卡，要选择合适的冲管。一般在 2½in 的油管内用 1½in 或 1¼in 的冲管。施工中停泵时间不能过长，以防沉砂埋住冲管使事故复杂化。

4. 大力上提解卡

在设备载荷及井下管柱强度许可的范围内（不断、不滑脱螺纹），采用大力上提而解卡。上提前，要详细检查设备离合器、刹车、井架、天车、游动滑车、钢丝绳等，绷绳要加固，指重表要灵敏，各要点有专人观察以防发生其他重大事故。

5. 倒扣套铣解卡

首先计算中和点，确定倒扣位置，倒扣点在卡点位置以上第一个接箍为宜。上提悬重应大于卡点以上管柱悬重 5~10kN，转速要控制在 50r/min 以下。观察拉力表悬重变化，上提悬重等于卡点以上管柱悬重时，起出倒扣点以上管柱及落鱼。然后用套铣筒冲去被砂埋住部分管柱外面的砂子，再倒出这部分管柱。交替使用套和倒的方法，直到起出全部被卡管柱为止。

考核标准

检查项目	操作标准	分　数	扣　分
砂卡原因	能说出造成砂卡的主要原因	20	
解除方法	掌握砂卡常用的解除方法及操作	80	
合计		100	

任务3 落物卡钻

 实习目的及要求

掌握落物卡钻的原因及解除方法。

一、基本知识

1. 落物卡钻的定义

在起下钻施工中,由于井内落物把井下管柱卡住造成不能正常施工的事故叫落物卡钻。

2. 落物卡钻的原因

(1)井口未装防落物保护装置。
(2)施工人员责任心不强,工作中马虎,不严格按照操作规程施工。
(3)井口工具质量差、强度低。

二、落物卡钻的解除方法

落物卡钻时切忌大力上提以防卡死或损伤套管,一般的解除方法有:

(1)根据落物形状、大小及材质,考虑把落物拨正后能否从环空落下去或能否靠管柱提放、转动将其挤碎。如果可能的话可慢慢提放、转动管柱,将落物拨正落到井底或将其挤碎,达到解卡的目的。

(2)如果被卡住的管柱下面有较大工具(如封隔器等),落物任何角度都无法通过环空,并且落物材质坚硬不易挤碎,轻提慢放转动管柱又无效,此时可测算卡点深度,将卡点以上管柱倒出,根据落物形状、大小选择合适的工具(如强磁打捞器)将落物捞出;如捞不出,可选择尺寸合适的套铣筒将其套掉,再捞出落井管柱。

(3)如果落物不深并且不大(如钳牙、螺栓等),可采用悬浮力较强的洗井液大排量正洗井,同时上提管柱,直到把落物洗出井外使管柱解卡。

 **考核标准**

检查项目	操作标准	分数	扣分
落物卡原因	能说出造成落物卡钻的主要原因	20	
解除方法	掌握落物卡钻常用的解除方法及操作	80	
合计		100	

任务4　水泥卡钻

 实习目的及要求

掌握水泥卡钻的原因及解除方法。

一、基本知识

1. 水泥卡钻的定义

由于水泥固住部分管柱导致不能正常提出管柱的事故称为水泥卡钻。

2. 水泥卡钻的原因

(1) 注水泥塞时替完灰浆没有及时上提管柱,水泥凝固将井下管柱卡住。

(2) 注灰时间拖长或催凝剂用量过大,使水泥浆过早凝固将井下管柱卡住。

(3) 井内注灰管柱深度或顶替量计算错误造成水泥卡钻。

(4) 使用水泥的温度低而井下温度过高或井下遇到高压盐水层,以致水泥浆早期凝固。

(5) 憋压法挤水泥时没有检查上部套管的破损,而在挤水泥时水泥上行至套管破损位置,将上部管柱凝固在井里。

(6) 计算错误或打水泥浆时发生其他故障,使油管或封隔器固死在井里。

二、水泥卡钻的解除方法

对于卡得不牢、能开泵循环的井,用浓度为15%的盐酸进行循环,破坏水泥环而解卡;对于卡得牢、不能开泵循环的井可采用下列方法处理:

1. 倒扣套铣解卡

将水泥面以上管柱倒出,再用套铣筒将油套环形空间的水泥铣掉。铣出一根倒出一根,直至将被卡管柱全部倒出。

套铣筒必须用壁厚大于7mm的无缝钢管制成,并且要有足够的强度,没有弯曲、变形等现象,其结构上面为钻杆内螺纹接头,下面是不同形式的套铣鞋。根据套铣鞋的形式不同,可分为以下两种套铣筒。

(1) 钨钢套铣筒:将套铣筒下部车出槽孔,然后将钨钢块压入并焊牢。适于处理较硬的水泥卡钻。

(2) 钻头套铣筒:下部焊接一个直径合适的取心钻头。适于处理卡钻坚硬的水泥环。

2. 磨铣解卡

当套管内径较小或被卡管柱较小时,先将水泥面以上油管设法取出,再用磨鞋将被卡管柱连同水泥环一起磨掉。常用的磨鞋是平底磨鞋。

磨铣解卡的操作步骤为：

(1)选择套铣管：根据井下被卡管柱规格及造成卡钻类型选择套铣管，在保证安全的情况下，尽量加长一次套铣长度。

(2)组配套铣管柱：自下而上依次为铣鞋＋套铣管＋转换接头＋钻杆＋方钻杆。

(3)完成套铣管柱：控制下放速度，下套铣管柱至鱼顶以上 10m。

(4)连接管线：连接地面管线，管线试压至施工最高压力的 1.5 倍。

(5)套铣：开泵循环，洗井泵压、排量稳定后，启动转盘，缓慢下放管柱开始套铣施工。

(6)划眼：每套铣 3~5m，套铣管应缓慢上提下放活动一次，但不要把铣鞋提出鱼顶。

(7)倒单根：每套铣完一个单根应循环洗井 1 周，保证顺利接单根。

(8)起出套铣管柱：起出套铣管时，应控制上提速度；起出铣鞋，并认真分析磨损情况。

 **考核标准**

检查项目	操作标准	分　　数	扣　　分
水泥卡原因	能说出造成水泥卡钻的主要原因	20	
解除方法	掌握水泥卡钻常用的解除方法及操作	80	
	合计	100	

附录 实例与试题

附录1 地质方案设计实例

××地质设计—采油队

A类

设计日期		设计单位		采油×队		设计人	
审核人		复审人				批准人	

一、油井基本数据

完钻井深,m	1805	水泥返高,m	1360	目前人工井底,m	1785.8
固井质量	合格	油补距,m	2	人工井底,m	1785.8
完井方式	套管射孔完井	造斜点深度,m	1450	造斜点斜度	4.92°

套管尺寸,mm	套管壁厚,mm
137.9	7.72
88.9	6.45

二、油层数据

层位	油层井段,m	砂层厚度,m	电测解释	实射井段,m	实射厚度,m	渗透率,mD	备注
沙二3(6)	1663.7/1664.9	1.2/1	气层	1663.7/1664.9	1.2/1	28023	已射
沙二4(1)	1668.6/1672.6	4/1	气层	1668.6/1670.5	1.9/1	12238	已射
沙二5(1)	1693.8/1697.8	4/1	油层	1693.8/1697.8	4/1	2329	已射
沙二5(2)	1701.8/1712.2	10.4/1	上油下同	1701.8/1706	4.2/1	37567	已射
沙二6(1)	1740.5/1755.5	15/1	上油下同	1740.5/1742.5	2/1	4430	已射

三、目前生产注水现状

层位	取值日期	工作制度	日产液 t	日产油 t	含水率 %	动液面× 静液面	套压 MPa	油相对密度 g/cm³	黏度 mPa·s	总矿化度 mg/L	备注
沙二3(6)-6(1)	2017-12	44×3×3.8	1.4	0	100	302×	0	0.889	85.3	28251.33	2017-12-27 泵漏关
沙二3(6)-6(1)	2018-01	44×3×3.8	0			×251	0				泵漏关
沙二3(6)-6(1)	2018-03-26	44×3×3.8	0			×272	0				泵漏关

上次施工完井日期		上次施工目的		下小泵	停产日期		检泵周期	406

续表

四、生产层的其他(高压)物性参数

井号	生产层位	取值日期	油层静压 MPa	饱和压力 MPa	油层温度 ℃	含水率 %	气相对密度	气油比	取值日期	静液面

五、示功图

测功图日期	
力比	
减程比	
最大负荷,kN	53	最小负荷,kN	31.7
功图解释	泵漏
换封依据及原因分析	

（示功图：载荷kN，最大约50，最小约35；冲程0~3m）

六、施工要求

(1) 作业目的:检泵,测压,探冲砂(冲砂至沙二6(1))。
(2) 生产层位:原层位,井段生产。
(3) 检查、更换不合格的油管。
(4) 试油合格,井场无污染,现场交井。
(5) 根据探冲砂情况与工艺所联系决定下步是否防砂。

七、备注

目前管柱图 2016 - 11 - 16

(1)(套管情况)封堵、补贴、缩径等套管特殊位置,开窗位置:1458.66~1461.68m,悬挂器接头:1360.2~1363.10m,悬挂器位置:1359.94m,套管短接:1643.41~1646.43m。一级套管:φ139.7mm×7.72mm,深度1800.15m,二级套管:φ88.9mm×6.45mm,长度439.95m。
(2) 造斜点4.92°,深度1450.00m;最大井斜34.0°;深度1561.64°。
(3) 注意事项:注意防喷!
(4) 此次作业为本年度第一次维护作业。
(5) 上次作业现场描述:大修时探砂面1689.49m,砂柱96.31m。
(6) 抽油机设计分级管理级别:Ⅱ级。

管柱图:

层位井段	管柱	型号名称,深度
		φ44mm×3.3m液气混抽泵,1300.14m
		割缝筛管,1301.75m
		丝堵,1318.74m
沙二3(6) 1663.7m / 1664.9m~1668.6m		
沙二4(1) 1670.5m~1693.8m		
沙二5(1) 1697.8m~1701.8m		
沙二5(2) 1706.0m~1740.5m		
沙二6(1) 1742.5m		人工井底,1785.8m

续表

八、井控要求

(1)井场周围地面情况:该井东80m为排水渠,南60m是永37CXB11井口,西30m为排水渠,北30m为台田。
(2)有无有毒有害气体描述:硫化氢含量浓度小于2mg/m³。
(3)储层压力(系数)状况描述:2010年9月监测大队测得该井油层中部压力5.74MPa,声波时差462μs/m。该井生产层位沙二3(6)、4(1)为气层,生产时最高日产气14000m³,之后停喷转抽,转抽后正常生产时气油比为69m³/t,根据该井动液面折算地层压力为14.6MPa左右,压力系数0.78左右,且该井能量足,施工过程中全井灌液,注意防喷!
(4)灌液(洗压井)要求:不压井,灌液。
(5)其他要求:该井下泵情况及其他施工要求见工艺设计。
(6)临井生产情况:临近油井永37-10井生产层位沙二5.6,工作制度63mm×3m×6次,日产液55.5t,日产油14.4t,含水率74%,动液面322m。临井注水情况:对应水井永37-4井注水层位沙二3.5(2)-6(1),配注31m³/d,泵压9.4MPa,油压4.0MPa,套压3.9MPa,日注水量35m³。

九、效果预测

工作制度	含水率,%	动液面	泵效,%
	90		
日产液 t/d	日产油 t/d	日增油 t/d	
15	1.5	1.5	

十、特殊情况描述(油稠、出砂、结垢、结蜡、高气油比、偏磨、腐蚀、套管损坏、井下落物等)

出砂

附录2　采油工艺设计实例

××抽油机井采油工艺设计

A 类

设计日期		设计单位	采油×队	设计人	
审核人		审批人		批准人	

一、目前工艺数据及施工目的

机型	CYJ10-3-53HB	泵型	管式泵	下泵深度	1300.1
泵径,mm	44	泵径1,mm		光杆直径,mm	32
光杆长度,m	9	冲程,m	3	冲次,次	3.8
泵工作状况		上行电流,A	45	下行电流,A	29
最大载荷,kN	54.1	最小载荷,kN	33.3	电机功率,kW	22
电泵井控制屏型号		电泵井动力电缆型号		其他	
变压器型号	S11-M	变压器容量,kV·A	50	地面设备及管线	齐全
路况及井场	良好	上次施工日期	××××-××-××	上次施工原因	大修后下泵
上次施工目的	大修后下泵	上次生产层位	沙二3(6)-6(1)	停产日期	××××-××-××
本次施工原因	泵漏	本次施工目的	检泵、探冲砂	本次生产层位	沙二3(6)-6(1)
目前抽油杆级别	目前抽油杆组合		目前油管级别	目前油管组合	
D级	φ25mm×321.12m		普通油管	φ76mm×215m;391.22m	
D级	φ22mm×964.18m		普通油管	φ62mm×215m;900.93m	

二、设计结果

机电	抽油机型号		CYJ10-3-53HB	电机功率,kW		22
抽油泵	泵型	管式泵	泵径,mm	56	泵级	Ⅱ	其他要求
油管组合	φ76mm 普通油管×400m+φ62mmCARP×900m+专用尾管20m					锚定情况	
生产参数	冲程,m	3	冲次,次	2.8	下泵深度,m	1300	防冲距,m
其他下井工具			光杆	φ32mm×9m	备注1	设计分级管理Ⅱ级	
设计抽油杆级别				设计抽油杆组合			
D级				φ25mm×330m			
D级				φ22mm×970m			

续表

三、工艺效果预测

最大载荷,kN	60	最小载荷,kN	40	最大扭矩,kN·m	
等值功率,kW		理论排量,m³/d	29.7	日产液,t/d	15
日产油,t/d	1.5	含水率,%	90	泵效,%	50.5
动液面,m	700	沉没度,m	600	日增油,t/d	1.5
杆柱应力范围比		使用系数	0.7		

四、施工技术要求

施工序号	工序名称	工序描述
1	提原井杆管	提原井杆管,检查更换不合格油管、抽油杆
2	探冲砂	探冲砂至人工井底1785.8m,根据冲砂情况,如需防砂及时与工艺所联系
3	下泵	下φ56mm管式泵,泵深1300m,原层位、井段生产;补齐8项常态小措施
4	试抽交井	试压10MPa,10min不降合格,试抽合格交井

五、井控要求

(1)针对井场周围情况采取预防措施。压井、放喷管线应远离公路、民房、学校、井站,不能位于高压线之下,放喷管线出口对准储污罐,离油罐、值班房等井场设施不小于10m。对于含硫化氢井场,井场值班房距井口不得小于30m,火炬或燃烧口出口距井口大于100m,上方20m半径范围内无高压线或高空距离大于150m,且位于主导风向的下风侧。
(2)确定井控装置压力等级。根据公式得出该井预测的最高地面压力为15MPa,因此需安装压力级别为35MPa的2SFZ18-35井控装置组合。安装好闸板防喷器、旋塞阀,分别和整套井口装置一起进行井口试压,打压20MPa,稳压15min,压降不超过0.7MPa为合格。
(3)不压井,灌液。
(4)确定不同工况最大允许关井压力为15MPa。
(5)本井硫化氢含量浓度小于2mg/m³。
(6)井口及地面流程配置:配置250型采油树及流程,清水试压20MPa,稳压时间不少于15min,允许压降不超过0.7MPa。

施工管柱图

层位井段	管柱	型号名称,深度
		φ56mm液气混抽泵,1300.0m
		割缝筛管,1301.0m
		丝堵,1320.0m
沙二3(6) 1663.7m 1664.9m 1668.6m		
沙二4(1) 1670.5m 1693.8m		
沙二5(1) 1697.8m 1701.8m		
沙二5(2) 1706.0m 1740.5m		
沙二6(1) 1742.5m		人工井底,1785.8m

六、施工预算

合计		备注	
序号	项目		金额

— 171 —

附录3　施工设计实例

NO：A 类井　　　　　　　　　　　　　　编号：HSE/

××井改下 56 泵、测压、探冲砂作业工程施工设计

Snubbing Operation Design For Well ××

设　　　计：
DESIGNER

初　　　审：
CHECKER

审　　　核：
EXAMINE

批　　　准：
APPROVAL

×××× 年 × 月 × 日　　　　　　　　　　　　　　电话：

初审人意见：	
严格按设计要求施工。	
	×××
	××××年××月××日
审核人意见：	
按设计要求施工。做好防喷工作。	
	×××
	××××年××月××日
批准人意见：	
按设计要求施工。做好防喷工作。	
	×××
	××××年××月××日

一、编写依据

该施工设计依据×××年××月××日由采油×队×××编写的地质设计、××××年××月××日由采油×队×××编写的工艺设计编写而成。

该井声波时差为 462μs/m,选择 2SFZ18-35 型防喷器,依据设计要求井场配备 12m³、相对密度 1.03 的本区块脱油污水为压井液。

二、油井数据

1. 基础数据

1) 基本数据

该井的基本数据见附表 3-1。

附表 3-1 基本数据

一级套管外径,mm	139.7	套管深度,m	1800.15	套管壁厚,mm	7.72
二级套管外径,mm	88.9	套管长度,m	439.95	套管壁厚,mm	6.45
开窗位置,m	1458.66~1461.68	悬挂器位置,m	1359.94	悬挂器接头,m	1360.2~1363.10
完钻井深,m	1805	水泥返高,m	1360		
补心高度,m		人工井底,m	1785.8	油补距,m	2
造斜点,m	1450×4.92	最大造斜点,m	1561.64	最大斜度	34°
特殊套管,m		1643.41~1646.43			

2) 油层数据

油层数据见附表 3-2。

附表 3-2 油层数据

层位名称	油层井段,m	油层厚度,m	实射井段,m	实射厚度,m	电测解释	渗透率,mD	泥质含量	备注
沙二 3(6)	1663.7/1664.9	1.2/1	1663.7/1664.9	1.2/1	气层	28023		已射
沙二 4(1)	1668.6/1672.6	4/1	1668.6/1670.5	1.9/1	气层	12238		已射
沙二 5(1)	1693.8/1697.8	4/1	1693.8/1697.8	4/1	油层	2329		已射
沙二 5(2)	1701.8/1712.2	10.4/1	1701.8/1706	4.2/1	上油下同	37567		已射
沙二 6(1)	1740.5/1755.5	15/1	1740.5/1742.5	2/1	上油下同	4430		已射

3) 油井生产数据

油井生产数据见附表 3-3。

附表 3-3 油井生产数据

时间	工作制度	泵径,mm	泵深,m	日产液,t/d	日产油,t/d	含水率,%	液面,m	备注
××××-××-××	44mm×3m×3.8次	44	1300.14	1.4	0	100	302	2017.12.27 泵漏关
××××-××-××	44mm×3m×3.8次	44	1300.14	0			251	
××××-××-××	44mm×3m×3.8次	44	1300.14	0			272	

本次上修原因:泵漏

三、本次作业施工目的

改下 56 泵、测压、探冲砂。

四、井史、井况调查

1. 井史调查

上次作业大队作业×队大修后下泵,完井下 ϕ62mm 丝堵 1 个(新),ϕ62mm 专用尾管 2 根(修复,综合大队),ϕ62mm 割缝筛管 1 根(新,兆鑫),ϕ44mm×3.3 新液气泵 1 台(新,方圆),ϕ62mm 修复油管 94 根(修复,综合大队),ϕ62mm×ϕ76mm 双母接头 1 个(新,三和),ϕ76mm 修复油管 41 根(修复,综合大队),ϕ76mm 增油短节 1 根(新,方圆),座 ϕ76mm 悬挂器(原工具)。试压合格,下 ϕ44mm 活塞 1 枚,介杆 1 根(新,方圆),ϕ22mm 修复滚压抽油杆 119 根(修复,综合新大,2015 年 12 月),ϕ22mm×ϕ25mm 双母变径接头 1 个(新,华闻),ϕ25mm 修复滚压抽油杆 40 根(修复,综合新大,2015 年 11 月),ϕ32mm 光杆 1 根(新,铁人),高压防喷盒 1 个(新,中石)。试抽憋压合格,生产参数 44mm×5m×2 次,无污染交井。

2. 井况调查

该井为采油×队油井,进井道路良好,声波时差为 462μs/m,A 类井注意防喷!

(1)井场周围地面情况:该井东 80m 为排水渠,南 60m 是永 37CXB11 井口,西 30m 为排水渠,北 30m 为台田。

(2)有无有毒有害气体描述:硫化氢含量小于 2mg/m^3。

(3)储层压力(系数)状况描述:2010 年 9 月监测大队测得该井油层中部压力 5.74MPa。声波时差为 462μs/m。该井生产层位沙二 3(6)、4(1)为气层,生产时最高日产气 14000m^3,停喷后转抽,转抽后正常生产时气油比为 69m^3/t,根据该井动液面折算地层压力约为 14.6MPa,压力系数约为 0.78,且该井能量足,施工过程中全井灌液,注意防喷!

(4)灌液(洗压井)要求:不压井灌液。

(5)临井生产情况:临近油井永 37-10 井生产层位沙二 5.6,工作制度 63mm×3m×6 次,日产液 55.5t,日产油 14.4t,含水率 74%,动液面 322m。临井注水情况:对应水井永 37-4 井注水层位沙二 3.5(2)—6(1)，配注 31m³/d，泵压 9.4MPa，油压 4.0MPa，套压 3.9MPa，日注水量 35m³。

五、施工步骤

1. 上动力

上动力环保，顾客财产认真交接。做开工准备，验收合格后开工。

1）技术要求

(1) 按标准布置井场，逃生通道畅通。

(2) 项目部开工验收合格后方可开工。

2）井控要求及措施

(1) 检查大四通两侧是否有阀门，若没有要加装阀门；若有要仔细检查阀门和其他井口配件的情况，如损坏及时更换。

(2) 检查套管四通与底法兰的连接螺栓，确保齐全紧固。

(3) 必须从季节风的下风一侧套管阀门以双阀门用油管等硬管线接出 10m 以上作为放喷管线，出口朝向空旷处，末端不得使用活动弯头或小于 120°死弯头，并用地锚固定牢靠（地锚与放喷管线连接处可靠绝缘），钻地锚时应与采油队结合避开地下管线、电缆。

(4) 核实井内压力情况，若井口有压力及油气显示，请示上级地质部门用脱油地层水洗压井至井筒内压力平衡、井口无显示为止。

3）环保要求

(1) 开工前与采油队认真进行环保交接。

(2) 通井机、放喷管线出口及井口铺设防污布，防止跑、冒、滴、漏。

(3) 施工前抽油机挂防护罩。

(4) 垃圾筒齐全，生活垃圾、工业垃圾分类存放。

2. 提原井杆

提出原井 $\phi 32mm$ 光杆 1 根、原井全部组合抽油杆、$\phi 44mm$ 活塞一枚。如果杆断则捞杆。

1）技术要求

(1) 丈量核对抽油杆数据。

(2) 检查记录抽油杆断脱情况。

(3) 认真检查抽油杆偏磨、腐蚀、结蜡情况。

(4) 检查抽油杆上附件的磨损情况。

2）井控要求及措施

(1) 拆井口前落实井筒压力，若井口有压力及油气显示，用脱油地层水洗压井至井筒内压力平衡、井口无显示为止。

(2) 提杆井内无特殊工具,安装井口油杆自封封井器。

(3) 提杆前必须拆除三通,井口安装总阀门,井场配齐 φ25mm×φ22mm、φ22mm×φ19mm 大小头一套,并组配至原井光杆末端。防喷盒组装完整并试验密封性能。提杆过程中若有压力及油气显示,下光杆底部配有与当前抽油杆相匹配的变扣接头,座防喷盒,用脱油地层水洗压井至井口压力平衡、井口无显示为止。

(4) 光杆、防喷盒组装完整,密封性能完好,放置在井口附近。

3) 环保要求

(1) 抽油杆桥下部铺设防污布,抽油杆滴落废液控制在围堰内。

(2) 油水滴漏控制在围堰内。

(3) 油稠时,务必采取刮油措施,避免抽油杆带出原油。

3. 安装防喷器试压

井口确定无油气显示后拆上法兰,认真检查大四通、套管短节、套管阀门及钢圈槽的完好情况,若有损伤,更换损坏部件。安装 2SFZ18-35 手动半全封防喷器(自编号:TZ11-05),连接螺栓上紧上全,检查连接部位,使防喷器处于正常工作范围,对防喷器进行试开关 2 次,确定防喷器工作正常,确保螺栓上全上紧,闸板、丝杠完好,开关灵活,防喷器的闸板打开或关闭时间不超过 30s。防喷器上部安装上法兰,关闭全封闸板,用专用试压泵正打压至 21MPa,稳压 15min,压降小于 0.7MPa 为合格。卸掉上法兰,上部连接带旋塞阀的 φ62mm 专用试压短接(带水眼)的悬挂器,顶紧顶丝,关闭防喷器半封闸板,用专用试压泵正打压至 21MPa,稳压 15min,压降小于 0.7MPa 为合格。关闭旋塞阀,用专用试压泵正打压至 21MPa,稳压 15min,压降小于 0.7MPa 为合格。放喷管线试压,关闭节流阀,用专用试压泵正打压至 21MPa,稳压 15min,压降小于 0.7MPa 为合格。

1) 技术要求

(1) 检查防喷器与大四通的密封可靠性。

(2) 安装时要注意防喷器的安装方向,确保防喷器的闸板在上方。

2) 井控要求及措施

(1) 井口×套管阀门用 φ62mm 油管接出 20m 作为放喷管线,出口朝向×,距出口末端 10m、0.5m 两处钻地锚固定牢靠(地锚与放喷管线连接处可靠绝缘)。钻地锚前应落实井场电缆、管线走向,避免损伤地下电缆和管线。

(2) 需要放喷时,必须把内侧阀门的闸板全部打开,利用外侧阀门的闸板控制放喷,并指定专人观察外侧阀门的受损情况。

(3) 联系甲方选择合适密度的压井液,压井正常后方可进行下步施工,避免井喷造成污染。

(4) 确保井内无油气显示后方可拆井口安装防喷器。

3）环保要求

试压管线上紧避免管线滴、漏，造成污染。

4. 提原井管

缓慢打开套管出口，确定无油气显示后，提 $\phi76mm$ 悬挂器，提出原井组合 44mm 泵 1 台、$\phi62mm$ 专用尾管 2 根、筛管 1 根、丝堵 1 个。

1）技术要求

(1) 丈量核对油管数据。
(2) 认真检查油管偏磨、腐蚀及其他漏失情况。
(3) 检查泵等各种工具完好情况。
(4) 检查液面附近油管损伤情况。
(5) 检查记录油管、泵等带出砂情况，如有砂则联系甲方进行探冲砂施工。
(6) 检查油管螺纹完好情况。
(7) 保持井筒液面在井口。

2）井控要求及措施

(1) 拆井口前落实井筒压力，若井口有压力及油气显示，用脱油地层水洗压井至井筒内压力平衡、井口无显示为止。
(2) 提管过程中若井口有压力及油气显示，连接有油管控制阀的油管悬挂器，悬挂器下部配有与当前提下油管相匹配的变扣接头，座悬挂器，拆卸悬挂器上端的油管短节及控制阀，关闭防喷器，安装上法兰及阀门，洗压井至井口无显示止。
(3) 提管过程中，严格控制起钻速度，避免抽汲或井液激动造成气侵诱发井喷。
(4) 施工中途停工时或提出全部管柱后，要及时关闭全封和套管阀门，在下次施工前，缓慢打开套管阀门进行观察，确认无异常后方可进行施工。

3）环保要求及措施

(1) 提管时井口装好油管自封。
(2) 清扣用螺纹脂，棉纱分类回收。
(3) 油管桥下铺设防污布，现场滴落油水控制在围堰内，并及时回收避免污染环境。
(4) 如因杆断、出砂等原因无法打开泄油孔，必须使用防喷提装置，使油水回流到套管内，避免污染环境。

5. 测静压

1）技术要求

配合监测部门施工。

2）井控要求及措施

(1) 测压前，在井口上法兰上部阀门上部安装 2m 长的 $\phi73mm$ 油管短节，短节上部装测试电缆专用高压胶皮防喷密封装置。

(2)测试电缆专用高压胶皮防喷密封装置必须是检验合格的。

(3)提出电缆后要及时关闭总阀门。在下次施工前要先测取井内压力情况,确认无压力后方可进行施工。

3)环保要求及措施

(1)电缆甩出的油水由施工单位及时回收。

(2)清扣用螺纹脂,棉纱分类回收。

(3)现场滴落油水控制在围堰内,并及时回收避免污染环境。

6. 探冲砂

下 $\phi 50mm$ 油管 + $\phi 62mm$ 组合油管探砂面,下油管距预计砂面 20m 时,下放速度小于 0.3m/s、悬重下降 10~20kN 为标准,连探两次,误差不超过 0.5m,记录砂面位置。脱油地层水 60m³ 反循环冲砂,下油管由砂面位置冲砂至人工井底 1785.8m,大排量洗井至出口不含砂,上提油管至原砂面以上 20m,沉砂 3h 后,回探砂面不超过 0.5m 为合格。联系工艺所定是否进行防砂施工!如不防砂提出防砂管柱,按下一工序施工。

1)技术要求

(1)认真丈量油管核对数据。

(2)冲砂排量不低于 25m³/h。

(3)注意冲砂中途遇阻情况,注意避免砂卡管柱。

(4)提出检查笔尖有无异常。

(5)冲砂过程中要缓慢均匀下放管柱,避免造成砂堵或憋泵。

(6)严禁使用带封隔器、通井规等大直径的管柱冲砂。

2)井控要求及措施

(1)提下管过程中若井口有压力及油气显示,连接有油管控制阀的油管悬挂器,悬挂器下部配有与当前提下油管相匹配的变扣接头,座悬挂器,拆卸悬挂器上端的油管短节及控制阀,关闭防喷器,安装上法兰及阀门,洗压井至井口无显示为止。

(2)提管过程中,严格控制起钻速度,避免抽汲或井液激动造成气侵诱发井喷。

(3)在冲砂施工前,必须再次检查井口装置,尤其是套管阀门放喷管线,确保性能可靠。

(4)冲砂前要充分循环洗井脱气,冲砂施工必须在压住井和不漏失的前提下进行。

(5)冲砂有专人负责控制出口流量,观察出口液体性质,保持进出口排量大致平衡,发现异常情况及时通知现场技术人员,采取适当的井控措施,在确保井控安全的情况下方可继续施工,直至完成。

3)环保要求及措施

(1)提、下管时井口装好油管自封。

(2)清扣用螺纹脂,棉纱分类回收。

(3)现场滴落油水控制在围堰内,并及时回收避免污染环境。

(4)冲出的砂子及时清理装袋回收,避免污染环境。

7. 下完井管

下丝堵 1 个、φ62mm×专用尾管 20m、φ62mm 割缝筛管一根、φ56mm 液气混抽泵一台,φ62mmCARP 油管 900m、φ76mm 普通油管 400m,完成 φ56mm 泵深 1300m,筛管深 1301m,丝堵深 1320m。

1) 技术要求

(1)认真丈量油管,组配好各种数据。
(2)严格按照工艺设计要求进行油管组配。
(3)完井油管清洁,涂好螺纹脂。
(4)φ76mm 油管用 φ73mm 通管规通过,φ62mm 油管用 φ59mm 通管规通过。

2) 井控要求及措施

(1)下管前检查封井器,确保螺栓上全上紧,闸板、丝杠完好,开关灵活。
(2)下管前落实井筒压力数据,若井口有压力及油气显示,用脱油地层水挤压井至井筒内压力平衡、井口无显示为止。
(3)下管过程中若井口有压力及油气显示,连接有油管控制阀的油管悬挂器,悬挂器下部配有与当前提下油管相匹配的变扣接头,座悬挂器,拆卸悬挂器上端的油管短节及控制阀,关闭封井器,安装上法兰及阀门,洗压井至井口无显示为止。
(4)下管过程中,应及时向井筒内补充相对密度合适的压井液,确保井筒液面在井口。如地层漏失严重,应停止施工,采取堵漏措施并压井后,方可继续施工。
(5)井口上法兰及总阀门螺栓上紧上全。
(6)施工中途停工时或提出全部管柱后,要及时关闭封井器及套管阀门,在下次施工前,缓慢打开套管阀门进行观察,确认无异常后方可进行施工。

3) 环保要求

(1)下管柱安装自封,防止管柱外壁杂物带入井内,污染地层。
(2)清扣用螺纹脂,棉纱分类回收。
(3)下井油管及工具不落地,保持清洁。
(4)现场滴落油水控制在围堰内,并及时回收避免污染环境。

8. 试压

拆除封井器,井口安装上法兰和总阀门,相对密度为 1.0 的本区块脱油地层水 15m³ 对油管试压 5MPa,稳压 30min,压降小于 0.03MPa 为合格。

1) 技术要求

(1)稳压 10min,压降低于 0.03MPa 为合格。
(2)保证入井液清洁,不含杂物。
(3)试压后缓慢放压。

2）井控要求及措施

井口上法兰及总阀门螺栓上紧上全。

3）环保要求及措施

(1)井口管线、设备不渗漏。

(2)现场滴落油水控制在围堰内,并及时回收避免污染环境。

9. 下完井杆

下 $\phi56mm$ 活塞一枚、$\phi28mm$ 介杆 1 根、$\phi22mm$ 抽油杆 970m、$\phi25mm$ 抽油杆 330m、$\phi32mm$ 光杆,下放碰泵后在原悬重下上提防冲距 0.3m。

1）技术要求

(1)认真丈量抽油杆,将数据与泵深数据进行核对。

(2)合理调整抽油杆短节,保证光杆外露合适。

2）井控要求

(1)下杆前观察井筒内有无压力及油气显示,若有则用脱油地层水洗压井至井口压力平衡、井口无显示为止。

(2)下杆前,上法兰上安装总阀门,井场防喷盒组装完整并试验密封性能。下杆过程中若有压力及油气显示,下光杆座防喷盒,用脱油地层水洗压井至井口压力平衡、井口无显示为止。

3）环保要求

(1)下杆外溢油水控制在围堰内,完工后及时清理。

(2)送井抽油杆护丝帽回收。

(3)清扣用螺纹脂,棉纱分类回收。

4）负责人

10. 试抽

抽油机试抽,工作参数 56mm×3m×2.8 次,出液后井口憋压 3MPa,井口不刺不漏为合格,合格后交井。

1）技术要求

(1)试抽时注意流程回压,判断干线是否畅通。

(2)稳压 30min,井口不刺不漏为合格。

(3)交井要求工完料净。

2）井控要求

井口采油树安装齐全,阀门灵活好用,卡箍、上法兰螺栓上全上紧,当班班长负责观察开井后井口的压力变化情况。

3）环保要求

(1)试抽排液控制在小范围内,及时清理。

(2)完工后罩防渗布、驴头罩,生活垃圾分类回收。
(3)及时与采油队进行施工后环保交接。

六、施工用料及器材、设备准备

1. 下井工具

下井工具见附表3-4。

附表3-4　下井工具

序号	名称	规格	单位	数量	备注
1	丝堵	φ62mm	个	1	
2	管式泵	φ56mm 液气混抽泵	台	1	冲程5.1m
3	油管	φ76mm 普通	m		400
4	油管	φ62mmCARP	m		900
5	尾管	φ62mm	m		20
6	油管	φ50mm	m		500
6	抽油杆	φ25mm×φ22mm+介杆	m		1300
7	笔尖	φ50mm	个		1

2. 井控器材

井控器材见附表3-5。

附表3-5　井控器材

序号	名称	规格	单位	数量	备注
1	防喷上法兰	250	台	1	阀门灵活好用、钢圈完好
2	防喷悬挂器	D76	台	1	阀门灵活好用、盘根完好
3	全封封井器	2SFZ18-35	台	1	闸板、丝杠灵活好用
4	旋塞阀		个	1	扳手及开关灵活

3. 施工设备

施工设备见附表3-6。

附表3-6　施工设备

序号	名称	规格	单位	数量	备注
1	水泥车	400型	台	1	
2	罐车	15T	台	2	

七、注意事项

1. 安全、井控

(1)井场配备防喷阀门、防喷悬挂器,要求灵活好用,放置在井口附近。

(2)所有施工井施工时要安装相应级别的防喷器,并试压合格。
(3)井场施工人员一律穿戴劳保用品。
(4)施工中途停工时必须装好井口,关闭所有阀门。
(5)井场严禁烟火,施工动火必须经过安全部门审批,采取安全预防措施后方可动火。
(6)开工前认真检查各种施工工具、用具,确保安全可靠。
(7)井场配备各种消防器材,质量合格并定期检查,各种消防用具不得挪作他用。
(8)所有施工人员严禁酒后上岗。
(9)提下管柱时控制速度、操作平稳,防止碰坏井口装置或碰伤施工人员。
(10)井口有压力需放喷时,油套放喷出口需安装与井口压力相配伍的双翼阀门。
(11)起下管柱时,应保持井筒液体常满状态,连续向井筒内灌注与井筒内液体一致的压井液;不能保持井筒液体常满状态的,以保持井筒压力平衡为原则。

2. 质量

(1)严格按设计进行施工。
(2)油管、抽油杆及下井工具认真丈量,确保数据准确无误。
(3)油管、抽油杆及下井工具严格执行"三不落地"标准。
(4)认真检查下井工具、油管,确保抽油杆质量合格。
(5)提下油管使用小滑车并涂好密封脂。
(6)施工中发现的异常情况,及时与有关部门联系,采取针对措施。

3. 油层保护

(1)压井液密度合理,并确保对地层无伤害。
(2)工艺施工用料保证对地层无伤害。
(3)盛放入井液的池子必须保持清洁,无杂物、污物。
(4)合理设计工艺施工管柱,确保施工时对地层无不良影响。

4. 环保

(1)施工现场配备垃圾桶,不随处扔生活垃圾。
(2)施工返出液体及时回收,避免污染环境。
(3)提下管柱装好自封,避免管柱带出井液污染环境。
(4)施工现场的污染及时进行治理,避免各种原因导致污染面积扩大。

八、执行标准

(1)Q/SHSLJ 1566—2002《油水井修井作业施工现场管理规范》。
(2)Q/SH 1020 1652—2004《油、气、水井修井作业现场交接要求》。
(3)Q/SL 0458.1—2001《自封封井器通用技术条件 自封封井器壳体》。
(4)Q/SL 0458.2—2001《自封封井器通用技术条件 自封胶芯》。
(5)SY/T 5587.9—2007《常规修井作业规程 第9部分:换井口装置》。

(6)SY/T 5587.3—2013《常规修井作业规程 第3部分:油气井压井、替喷、诱喷》。
(7)SY/T 5587.5—2004《常规修井作业规程 第5部分:井下作业井筒准备》。
(8)Q/SH 1020 0126—2007《抽油井有杆泵检泵规范》。
(9)Q/SH 0177—2008《井下作业施工油气层保护技术规范》。
(10)SY/T 6690—2016《井下作业井控技术规程》。
(11)Q/SH 0239—2009《井下作业污染防治规范》。
(12)Q/SH 0095—2007《油水井井下作业现场安全检查规范》。
(13)Q/SH 1020 1806—2007《井下作业工序质量监督规范》。
(14)SY/T 5727—2014《井下作业安全规程》。
(15)Q/SH 1020 1899—2008《履带式通井机使用规范》。
(16)Q/SH 1020 1731—2006《作业施工环境保护管理规范》。
(17)Q/SH 1020 0401—2008《井下冲砂工艺规程》。

九、管柱图

管柱图如附图3－1所示。

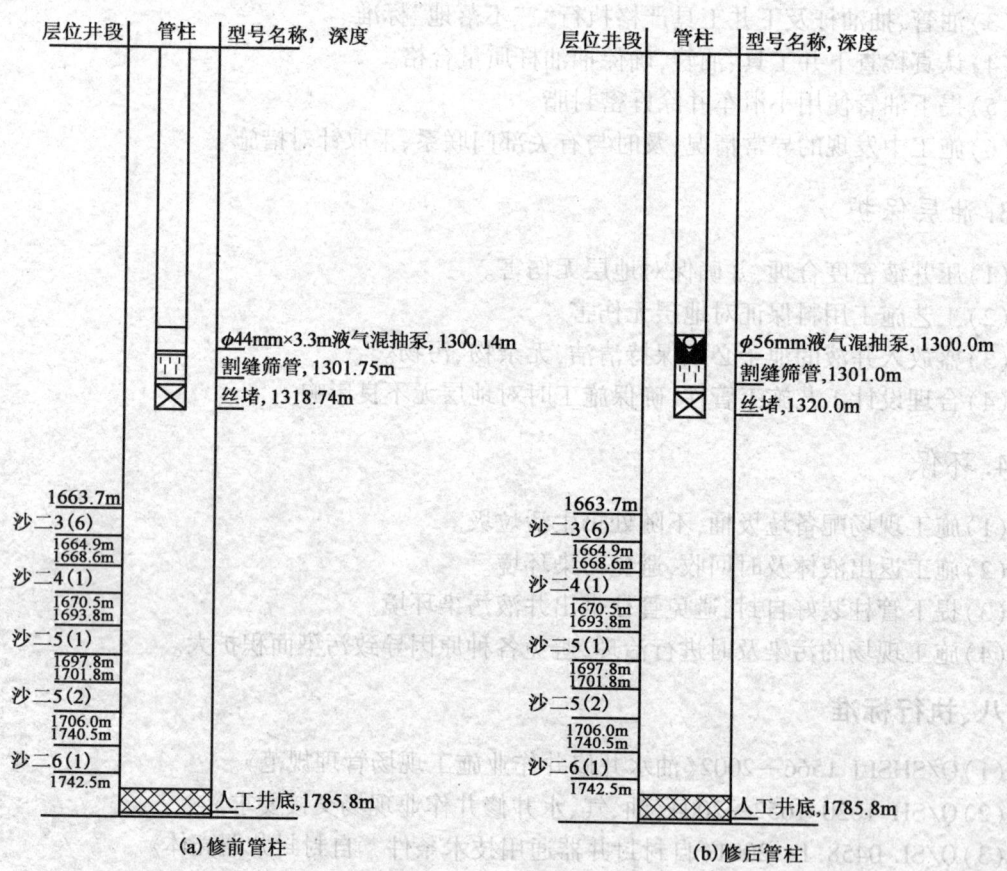

附图3－1 管柱图

附录4 组配生产管柱试题(整筒泵)

一、基础数据

基础数据见附表4-1。

附表4-1 基础数据表

人工井底,m	1197.25	射孔井段,m	1069.56～1142.5
套补距,m	2.89	四通高,m	0.32
油管挂,m	0.22	射开层位	SI-S8
套管规范	\$139.7mm,深度1208.75m		

二、生产数据

该井下 ϕ44mm 整筒泵生产,泵下使用井下开关。光杆直径 ϕ28mm,抽油杆直径 ϕ22mm。全井为 ϕ73mm 普通油管。

三、工具数据

工具数据见附表4-2。

附表4-2 工具数据表

名称	型号	长度,m	数量,个
整筒泵	ϕ44mm	6.58	1
提挂开关滑套	ϕ89mm	0.56	1
导向丝堵	ϕ73mm	0.25	1
柱塞	ϕ44mm	1.35	1
回音标	ϕ95mm	0.50	1
筛管	ϕ73mm	1.05	1
抽油杆短节	ϕ22mm	2.00	2
抽油杆短节	ϕ22mm	1.57	1
抽油杆变扣	ϕ28mm×ϕ22mm	0.13	1
抽油杆变扣	ϕ22mm×ϕ19mm	0.12	1

四、组配要求

(1)各下井工具深度按要求配深误差±0.5m以内。

(2)应选择合理、最佳、适宜本井的下井工具。

(3)自下而上整理管杆柱记录,不调整的管、杆不用抄写。

(4)画出管柱结构示意图(附图4-1),所画管柱结构示意图各部件图符必须符合 SY/T 5952—2014《油气水井井下工艺管柱工具图例》的规定。

(5)泵深1010.90m,尾深1031.53m;回音标深度212m±2m,光杆外露四通上平面1.55m。暂不考虑防冲距。

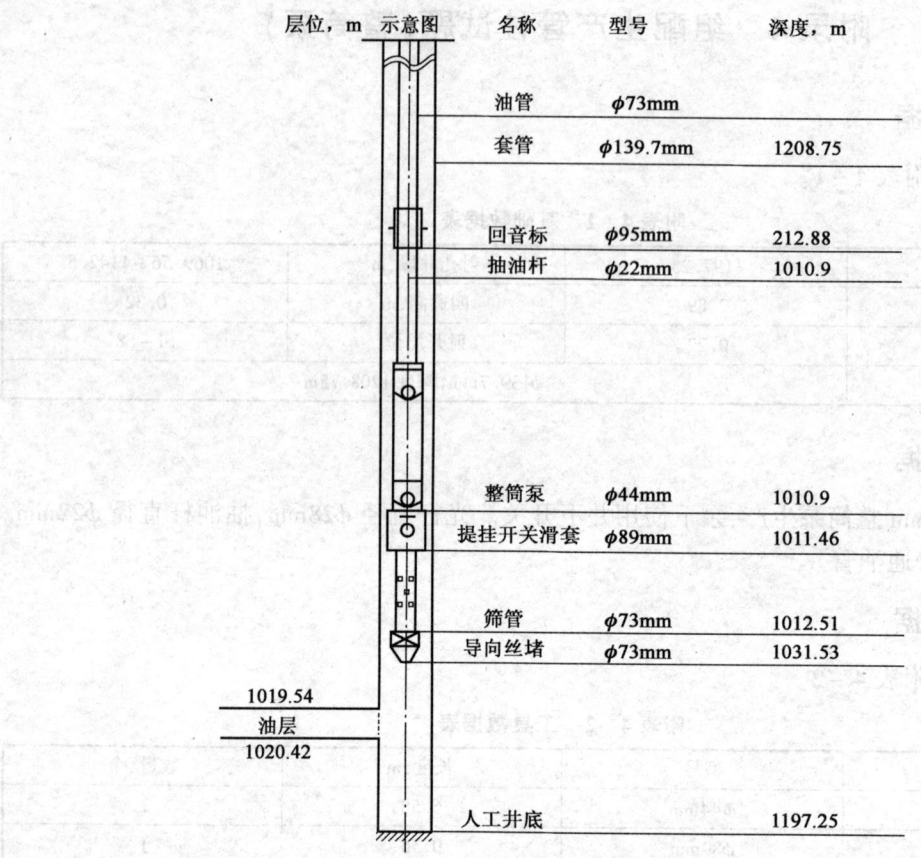

附图4-1 整筒泵管柱示意图

(6) 油管只在序号101到110根之内调整(附表4-3);第113根抽油杆直径为19mm,用于连接柱塞,抽油杆只在序号104到113根之内调整(附表4-4)。

附表4-3 ＿＿＿＿井油管记录题面

编号	长度,m	累计长度,m	编号	长度,m	累计长度,m	编号	长度,m	累计长度,m	编号	长度,m	累计长度,m
1	9.37		15	9.63		29	9.56		43	9.52	
2	9.56		16	9.75		30	9.57		44	9.54	
3	9.52		17	9.56		31	9.58		45	9.21	
4	9.54		18	9.48		32	9.46		46	9.26	
5	9.55		19	9.47		33	9.52		47	8.99	
6	9.26		20	9.56		34	9.53		48	9.45	
7	9.99		21	9.74		35	9.56		49	9.67	
8	9.45		22	9.75		36	9.25		50	9.56	
9	9.67		23	9.46		37	9.46		51	9.46	
10	9.56		24	9.35		38	8.58		52	9.46	
11	9.46		25	9.56		39	9.56		53	9.25	
12	9.52		26	9.24		40	9.45		54	9.45	
13	9.25		27	9.42		41	9.37		55	9.23	
14	9.45		28	9.25		42	9.42		56	9.25	

续表

编号	长度,m	累计长度,m	编号	长度,m	累计长度,m	编号	长度,m	累计长度,m	编号	长度,m	累计长度,m
57	9.56		71	9.58		85	9.56		99	9.56	
58	9.46		72	9.25		86	9.24		100	9.45	
59	9.47		73	9.52		87	9.42		101	9.46	
60	9.56		74	9.34		88	9.54		102	9.48	
61	9.24		75	9.56		89	9.56		103	9.47	
62	9.25		76	9.56		90	9.57		104	9.51	
63	9.57		77	9.46		91	9.58		105	9.53	
64	9.35		78	9.58		92	9.46		106	9.54	
65	9.21		79	9.56		93	9.25		107	9.36	
66	9.24		80	9.45		94	9.53		108	9.41	
67	9.42		81	9.24		95	9.56		109	9.68	
68	9.25		82	9.25		96	9.25		110	9.65	
69	9.23		83	9.46		97	9.46				
70	9.57		84	9.56		98	9.26				

附表 4-4 _____井抽油杆记录题面

编号	长度,m	累计长度,m	编号	长度,m	累计长度,m	编号	长度,m	累计长度,m	编号	长度,m	累计长度,m
光杆	9.28		29	9.05		58	9.07		87	9.02	
1	9.05		30	9.04		59	9.05		88	9.07	
2	9.06		31	9.04		60	9.06		89	9.05	
3	9.03		32	9.05		61	9.02		90	9.04	
4	9.04		33	9.03		62	9.03		91	9.04	
5	9.02		34	9.04		63	9.03		92	9.05	
6	9.01		35	9.24		64	9.04		93	9.03	
7	9.06		36	9.26		65	9.02		94	9.04	
8	9.07		37	9.03		66	9.08		95	9.02	
9	9.05		38	9.23		67	9.05		96	9.08	
10	9.04		39	9.05		68	9.07		97	9.02	
11	9.05		40	9.04		69	9.05		98	8.99	
12	9.06		41	9.01		70	9.04		99	9.05	
13	9.06		42	9.03		71	9.05		100	9.04	
14	9.04		43	9.03		72	9.06		101	9.06	
15	9.02		44	9.04		73	9.06		102	9.06	
16	9.08		45	9.02		74	9.04		103	9.08	
17	9.06		46	9.08		75	9.06		104	9.06	
18	9.07		47	9.02		76	9.08		105	9.05	
19	9.05		48	9.07		77	9.04		106	9.04	
20	9.04		49	9.05		78	9.07		107	9.03	
21	9.01		50	9.04		79	9.05		108	9.07	
22	9.03		51	9.05		80	9.04		109	9.01	
23	9.03		52	9.06		81	9.01		110	9.11	
24	9.04		53	9.03		82	9.03		111	9.12	
25	9.02		54	9.04		83	9.03		112	9.10	
26	9.08		55	9.02		84	9.04		113	9.02	
27	9.02		56	9.01		85	9.02				
28	9.07		57	9.06		86	9.08				

附表 4-5　　　　　井油管记录答案

编号	长度,m	累计长度,m	编号	长度,m	累计长度,m	编号	长度,m	累计长度,m	编号	长度,m	累计长度,m
导堵	0.25	0.25									
1	9.41										
2	9.36	19.02									
筛管	1.05	20.07									
开关	0.56	20.63									
泵	6.58	27.21									
3	9.54										
4	9.53										
5	9.51										
6	9.47										
7	9.48										
8	9.46	84.20									
9~86根管累计长度	734.45	818.65									
回音标	0.5										
87~108根管累计长度	210.09	1028.74									
									油管规范		φ73mm
									油管类型		普通油管
									内径规	直径,mm	59
										长度,m	0.8
									套补距,m		2.89
									四通高,m		0.32
									油管挂,m		0.22
									累计长度,m		1028.74
									深度,m		1031.53
									整筒泵	长度,m	6.58
										深度,m	1010.90
										直径,mm	44
									测量人		
									计算人		
									审核人		

附表 4-6 _____井抽油杆记录答案

编号	长度,m	累计长度,m	编号	长度,m	累计长度,m	编号	长度,m	累计长度,m	编号	长度,m	累计长度,m
柱塞	1.35	1.35									
1	9.02	10.37									
变扣	0.12	10.49									
2	9.01										
3	9.07										
4	9.03										
5	9.04										
6	9.05										
7	9.06	64.75									
8~103根杆累计长度	932.15	996.90									
短节	3.57	1000.47									
变扣	0.13	1000.60									
光杆	9.28	1009.88									
									抽油杆规范		φ22mm
									抽油杆类型		普通
									内径规	直径,mm	
										长度,m	
									套补距,m		2.89
									四通高,m		
									油管挂,m		
									累计长度,m		1008.33
									深度,m		
									柱塞	长度,m	1.35
										深度,m	1010.90
										直径,mm	44
									测量人		
									计算人		
									审核人		

五、管柱组配说明

（1）管柱组配自上而下。

（2）工具选择：$\phi 44mm$ 整筒泵1台，提挂开关滑套1个，筛管1个，导向丝堵1个，回音标1个，$\phi 44mm$ 柱塞1个，抽油杆变扣 $\phi 28 \times \phi 22mm$ 1个，抽油杆变扣 $\phi 22 \times \phi 19mm$ 1个。

（3）回音标深度 = 210.09m（记录上第1根到第22根油管累计长度）+ 2.89m（套补距）- 0.32m（四通高）+ 0.22m（油管挂长）= 212.88m（回音标不记长度，符合要求）。

（4）泵深度 = 944.54m（记录上第1根到第100根油管累计长度）+ 2.89m（套补距）- 0.32m（四通高）+ 0.22m（油管挂长）+ 56.99m（第101根到106根管累长）+ 6.58m（泵长）= 1010.9m。

（5）提挂开关滑套深度 = 1010.9m（泵深度）+ 0.56m（提挂开关滑套长）= 1011.46m。

（6）筛管深度 = 1011.46m（提挂开关滑套深度）+ 1.05m（筛管长）= 1012.51m

（7）导向丝堵深度 = 1012.51m（筛管深度）+ 18.77m（第107、108根管累长）+ 0.25m（丝堵长）= 1031.53m

（8）柱塞深度 = 泵深 = 2.89m（套补距）- 0.32m（四通高）+ 7.73m（光杆长9.28m - 光杆外露1.55m）+ 0.13m（$\phi 28 \times \phi 22mm$ 抽油杆变扣长）+ 3.57m（抽油杆短节）+ 932.15m（第1根到第103根抽油杆累计长度）+ 54.26m（第104根到第109根抽油杆累计长度）+ 0.12m（$\phi 22 \times \phi 19mm$ 抽油杆变扣长）+ 9.02m（第113根抽油杆长）+ 1.35m（柱塞长）= 1010.9m。

附录5 组配生产管柱试题(管式泵)

一、基础数据

基础数据见附表5-1。

附表5-1 基础数据表

人工井底,m	1212.5	射孔井段,m	1040.5~1142.5
套补距,m	2.16	四通高,m	0.32
油管挂,m	0.22	射开层位,m	SI-S8
套管规范,m	φ139.7mm,深度1226.45m		

二、生产数据

该井下 φ83mm 泵生产,使用 φ89mm 普通油管完井,由于该井结蜡严重,完井使用防蜡器,全井使用 φ25mm 普通抽油杆。

全井为 φ73mm 普通油管。

三、工具数据

工具数据见附表5-2。

附表5-2 工具数据表

名称	型号	长度,m	数量,个
管式泵	φ83mm	5.7	1
释放短接	φ105mm	4	1
油管短节	φ89mm	0.56	1
防蜡器	φ90mm	0.42	1
脱卡工作筒	φ89mm	0.25	1
脱接器	φ57mm	0.35	1
柱塞	φ83mm	1.25	1
筛管	φ73mm	1.05	1
丝堵	φ73mm	0.23	1
抽油杆变扣	φ28mm×φ25mm	0.13	1
抽油杆短节	φ25mm	1	2
抽油杆短节	φ25mm	2	1

四、深度要求

泵深993.13m,筛管深994.60m,尾深1011.05m。光杆外露四通上平面1.4m,防冲距0.85m。

五、组配要求

(1)根据已知条件在规定的时间内计算管柱各部件深度,完成管柱组配,画出管柱结构示意图(附图5-1),并标注相关数据。自下而上整理好管柱记录。

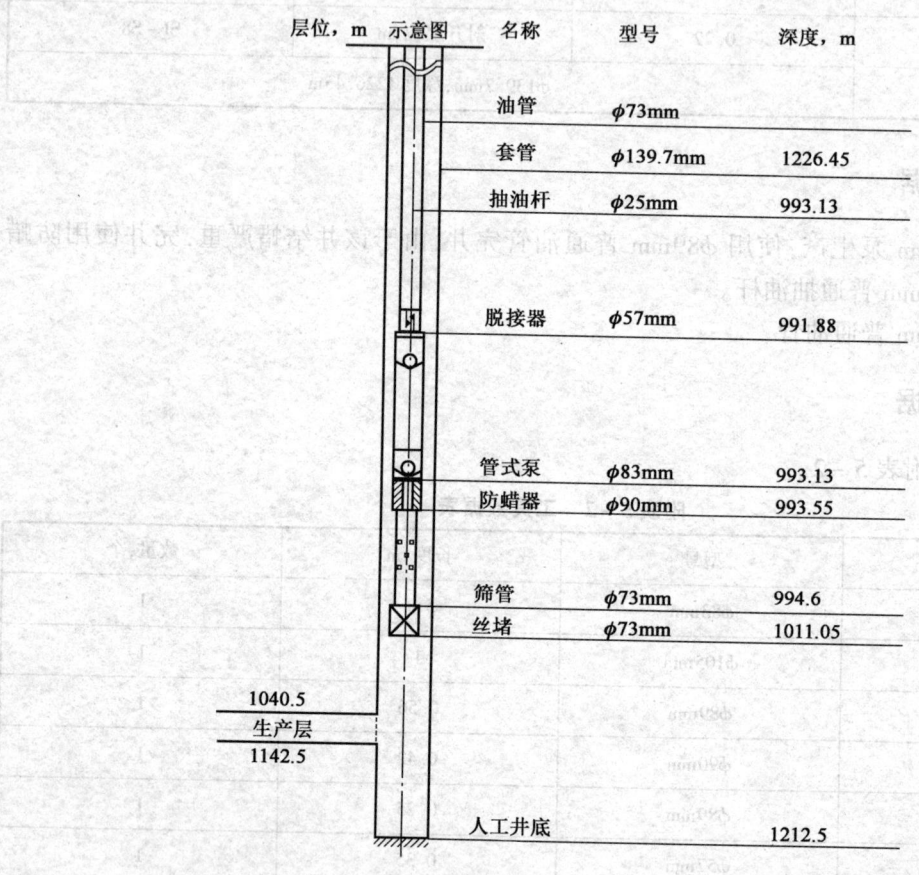

附图5-1 管式泵管柱示意图

(2)油管前100根不用抄写。所给出的110根油管(附表5-3)中前100根不得用于调整管柱,并且顺序不得调换,调整管柱只在序号101到110根油管内挑选。

(3)抽油杆前104根不用抄写。所给出的112根抽油杆(附表5-4)中前104根不得用于调整管柱,并且顺序不得调换,调整杆柱只在序号105到112根抽油杆内挑选。

(4)管柱各部件名称、型号、深度标注正确,不考虑油管柱伸长;必须写出管柱各部件深度计算过程;应选择合理、最佳、适宜本井的下井工具。

附表 5-3　　　　　井油管记录题面

编号	长度,m	累计长度,m	编号	长度,m	累计长度,m	编号	长度,m	累计长度,m	编号	长度,m	累计长度,m
1	9.37		29	9.56		57	9.56		85	9.56	
2	9.56		30	9.57		58	9.46		86	9.24	
3	9.52		31	9.58		59	9.47		87	9.42	
4	9.54		32	9.46		60	9.56		88	9.54	
5	9.55		33	9.52		61	9.24		89	9.56	
6	9.26		34	9.53		62	9.25		90	9.57	
7	8.99		35	9.56		63	9.57		91	9.58	
8	9.45		36	9.25		64	9.35		92	9.46	
9	9.67		37	9.46		65	9.21		93	9.25	
10	9.56		38	9.58		66	9.24		94	9.53	
11	9.46		39	9.56		67	9.42		95	9.56	
12	9.52		40	9.45		68	9.25		96	9.25	
13	9.25		41	9.37		69	9.23		97	9.46	
14	9.45		42	9.42		70	9.57		98	9.26	
15	9.23		43	9.52		71	9.58		99	9.56	
16	9.25		44	9.54		72	9.25		100	9.45	
17	9.56		45	9.21		73	9.52		101	9.46	
18	9.48		46	9.26		74	9.34		102	9.48	
19	9.47		47	8.99		75	9.56		103	9.47	
20	9.56		48	9.45		76	9.56		104	9.35	
21	9.24		49	9.67		77	9.46		105	8.23	
22	9.25		50	9.56		78	9.58		106	9.41	
23	9.46		51	9.46		79	9.56		107	9.23	
24	9.35		52	9.46		80	9.45		108	7.99	
25	9.56		53	9.25		81	9.24		109	9.51	
26	9.24		54	9.45		82	9.25		110	9.37	
27	9.42		55	9.23		83	9.46				
28	9.25		56	9.25		84	9.56				

附表 5-4 _____井抽油杆记录题面

编号	长度,m	累计长度,m	编号	长度,m	累计长度,m	编号	长度,m	累计长度,m	编号	长度,m	累计长度,m
光杆	9.16		29	9.05		58	9.07		87	9.02	
1	9.05		30	9.04		59	9.05		88	9.07	
2	9.06		31	9.04		60	9.06		89	9.05	
3	9.03		32	9.05		61	9.02		90	9.04	
4	9.04		33	9.03		62	9.03		91	9.04	
5	9.02		34	9.04		63	9.03		92	9.05	
6	9.01		35	9.02		64	9.04		93	9.03	
7	9.06		36	9.08		65	9.02		94	9.04	
8	9.07		37	9.02		66	9.08		95	9.02	
9	9.05		38	9.09		67	9.05		96	9.08	
10	9.04		39	9.05		68	9.07		97	9.02	
11	9.05		40	9.04		69	9.05		98	8.99	
12	9.06		41	9.01		70	9.04		99	9.05	
13	9.06		42	9.03		71	9.05		100	9.04	
14	9.04		43	9.03		72	9.06		101	9.06	
15	9.02		44	9.04		73	9.06		102	9.06	
16	9.08		45	9.02		74	9.04		103	9.08	
17	9.06		46	9.08		75	9.06		104	9.06	
18	9.07		47	9.02		76	9.08		105	9.02	
19	9.05		48	9.07		77	9.06		106	9.04	
20	9.04		49	9.05		78	9.07		107	8.96	
21	9.01		50	9.04		79	9.05		108	9.05	
22	9.03		51	9.05		80	9.04		109	9.08	
23	9.03		52	9.06		81	9.01		110	9.07	
24	9.04		53	9.03		82	9.03		111	9.09	
25	9.02		54	9.04		83	9.03		112	9.06	
26	9.08		55	9.02		84	9.04				
27	9.02		56	9.23		85	9.02				
28	9.07		57	9.06		86	9.08				

附表 5-5 _____井油管记录

编号	长度,m	累计长度,m	编号	长度,m	累计长度,m	编号	长度,m	累计长度,m	编号	长度,m	累计长度,m
丝堵	0.23	0.23									
1	7.99										
2	8.23	16.45									
筛管	1.05	17.50									
防蜡	0.42	17.92									
泵	5.70	23.62									
短节	4.00	27.62									
脱工	0.25	27.87									
短节	0.56										
3	9.51										
4	9.47										
5	9.48										
6	9.46	66.35									
7~106根管累计长度	942.64	1008.99									
									油管规范		φ89mm
									油管类型		普通
									内径规	直径,mm	73
										长度,m	0.8
									套补距,m		2.16
									四通高,m		0.32
									油管挂,m		0.22
									泵	长度,m	5.7
										规范	φ83mm
										深度,m	993.13
									累计长度,m		1008.99
									深度,m		1011.05
									工作筒	深度,m	
										内径,mm	
									测量人		
									计算人		
									审核人		

附表 5-6　　　　　井抽油杆记录

编号	长度,m	累计长度,m	编号	长度,m	累计长度,m	编号	长度,m	累计长度,m	编号	长度,m	累计长度,m
防冲距	0.85	0.85									
柱塞	1.25	2.10									
脱接器	0.35	2.45									
1	9.05										
2	8.96										
3	9.04										
4	9.02	38.52									
5~108根杆累计长度	940.88	979.40									
短节	1.00										
短节	1.00										
短节	2.00	983.40									
变扣	0.13	983.53									
光杆	9.16	992.69									
									抽油杆规范		φ22mm
									抽油杆类型		普通
									内径规	直径,mm	
										长度,m	
									套补距,m		
									四通高,m		
									油管挂,m		
									泵	长度,m	
										规范	
										深度,m	
									累计长度,m		991.29
									工作筒	深度,m	
										深度,m	
										内径,mm	
									测量人		
									计算人		
									审核人		

六、管柱组配说明

（1）管柱组配自上而下。

（2）工具选择：φ83mm 管式泵 1 台，释放短接 1 个，筛管 1 个，丝堵 1 个，防蜡器 1 个，脱卡工作筒 1 个，脱接器 1 个，柱塞 1 个，φ28×φ25mm 抽油杆变扣 1 个。

（3）管式泵深度 = 942.64m（记录上第 1 根到第 100 根油管累计长度）+ 2.16m（套补距）- 0.32m（四通高）+ 0.22m（油管挂长）+ 28.41m（第 101 根到第 103 根油管累计长度）+ 9.51m（记录上第 109 根油管长）+ 0.56m（短节长）+ 0.25m（脱卡工作筒长）+ 4.00m（释放短接长）+ 5.70m（管式泵长）= 993.13m。

（4）防蜡器深度 = 993.13m（泵深度）+ 0.42m（防蜡器长）= 993.55m。

（5）筛管深度 = 993.55m（防蜡器深度）+ 1.05m（筛管长）= 994.60m。

（6）丝堵深度 = 994.60m（筛管深度）+ 16.22m（第 105、108 根管累长）+ 0.23m（丝堵长）= 1011.05m。

（7）柱塞深度 = 泵深 = 2.16m（套补距）- 0.32m（四通高）+ 7.76m（光杆方入）+ 0.13m（φ28mm×φ25mm 抽油杆变扣长）+ 4.00m（抽油杆短节）+ 940.88m（第 1 根到第 104 根抽油杆累计长度）+ 36.07m（第 105 根到第 108 根抽油杆累计长度）+ 0.35m（脱接器长）+ 1.25m（柱塞长）+ 0.85m（防冲距长）= 993.13m。

（8）脱接器深度 = 993.13m（柱塞深度）- 1.25m（柱塞长）= 991.88m（脱接器上接头与全井最下一根抽油杆连接，下接头与柱塞连接，置于泵筒内）。

参 考 文 献

[1] 孙树强. 井下作业. 北京:石油工业出版社,2006.
[2] 黄日成,王志安. 采油厂职工安全教育读本. 北京:石油工业出版社,2006.
[3] 唐仁栋,麻建群. 井下作业班长. 北京:石油工业出版社,1993.
[4] 吴奇. 井下作业工程师手册. 北京:石油工业出版社,2004.
[5] 吴奇. 井下作业监督. 3 版. 北京:石油工业出版社,2014.
[6] 聂海光,王新河. 油气田井下作业修井工程. 北京:石油工业出版社,2002.
[7] 董国永. 井下作业 HSE 风险管理. 北京:石油工业出版社,2002.
[8] 中国石油天然气集团公司人事服务中心. 井下作业工(上册、下册). 北京:石油工业出版社,2004.
[9] 吴志义. 修井工程. 北京:石油工业出版社,1996.
[10] 董国永. 安全监督. 北京:石油工业出版社,2003.
[11] 王俊亮,张天君. 井下作业. 北京:石油工业出版社,2013.
[12] 赵磊. 简明井下作业工具使用手册. 北京:石油工业出版社,2007.
[13] 胡渭清,韦登超. 井下作业技能操作标准化培训教材. 北京:中国石化出版社,2017.
[14] 郭伟,孙树强,杨伟. 井下作业. 北京:石油工业出版社,2012.
[15] 厉章彪,黄广庆. 硫化氢防护技术. 北京:中国劳动社会保障出版社,2011.
[16] 陈伟明,杨建民. 消防安全技术实务. 北京:机械工业出版社,2017.
[17] 周文,侯红. HSE 管理体系. 东营:中国石油大学出版社,2016.
[18] 卢世红. 陆上井下作业 HSE 管理体系. 东营:中国石油大学出版社,2016.